만점왕
연산
8 단계
초등 4학년

KB213856

만점왕 연산을 선택한

친구들과 학부모님께!

연산은 수학을 공부하는 데 기본이 되는 **수학의 기초 학습**입니다.

어려운 사고력 문제를 풀 수 있는 학생도 정확하고 빠른 속도의 연산 실력이 부족하다면 높은 수학 점수를 받을 수 없습니다.

정해진 시간 안에 문제를 풀어야 하는 데 기초 연산 문제에서 시간을 다 소비하고 나면 정작 문제 해결을 위한 문제를 풀 시간이 없게 되기 때문입니다.

이처럼 연산은 매우 중요하지만 한 번에 길러지는 게 아니라 **꾸준히 학습해야** 합니다. 하지만 기계적인 연산을 반복하는 것은 사고의 폭을 제한할 수 있으므로 연산도 올바른 방법으로 학습해야 합니다.

처음 연산을 시작하는 학생에게는 연산의 정확성과 속도를 높이는 것이 중요하므로 수학의 개념과 원리를 바탕으로 한 충분한 훈련을 통해 연산 능력을 키워야 합니다.

만점왕 연산은 올바른 연산 공부를 위해 만들어진 책입니다.

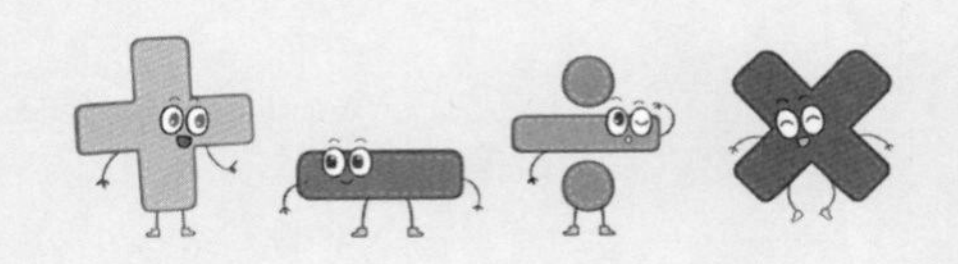

만점왕 연산의 특징은 무엇인가요?

만점왕 연산은 수학 교과 내용 중 수와 연산, 규칙성 단원을 반영하여 학교 진도에 맞추어 연산 공부를 하기 좋게 만든 책으로 누구나 한 번쯤 해 봤을 연산 교재와는 차별화하여 매일 2쪽씩 부담없이 자기 학년 과정을 꾸준히 공부할 수 있는 연산 교재입니다.

만점왕 연산의 특징은 학교에서 배우는 수학 공부와 병행할 수 있도록 수학의 가장 기초가 되는 연산을 부담없이 매일 학습이 가능하도록 구성하였다는 점입니다.

만점왕 연산은 총 몇 단계로 구성되어 있나요?

취학 전 대상인 예비 초등학생을 위한 **예비 2단계**와 **초등 12단계**를 합하여 총 **14단계**로 구성되어 있습니다.

한 단계는 한 학기를 기준으로 구성하였기 때문에 초등 입학 전부터 시작하여 예비 초등 1, 2단계를 마친 다음에는 1학년부터 6학년까지 총 12학기 동안 꾸준히 학습할 수 있습니다.

단계	Pre ❶단계	Pre ❷단계	❶단계	❷단계	❸단계	❹단계	❺단계
	취학 전 (만 6세부터)	취학 전 (만 6세부터)	초등 1-1	초등 1-2	초등 2-1	초등 2-2	초등 3-1
분량	10차시	10차시	8차시	12차시	12차시	8차시	10차시

단계	❻단계	❼단계	❽단계	❾단계	❿단계	⓫단계	⓬단계
	초등 3-2	초등 4-1	초등 4-2	초등 5-1	초등 5-2	초등 6-1	초등 6-2
분량	10차시	10차시	10차시	10차시	10차시	10차시	10차시

5일차 학습을 하루에 다 풀어도 되나요?

연산은 한 번에 많이 푸는 것이 아니라 매일 꾸준히, 그리고 점차 난이도를 높여 가며 풀어야 실력이 향상됩니다.

만점왕 연산 교재로 **월요일부터 금요일까지 하루에 2쪽씩** 학기 중에 학교 수학 진도와 병행하여 푸는 것이 가장 좋습니다.

학습하기 전! **단원 도입**을 보면서 흥미를 가져요.

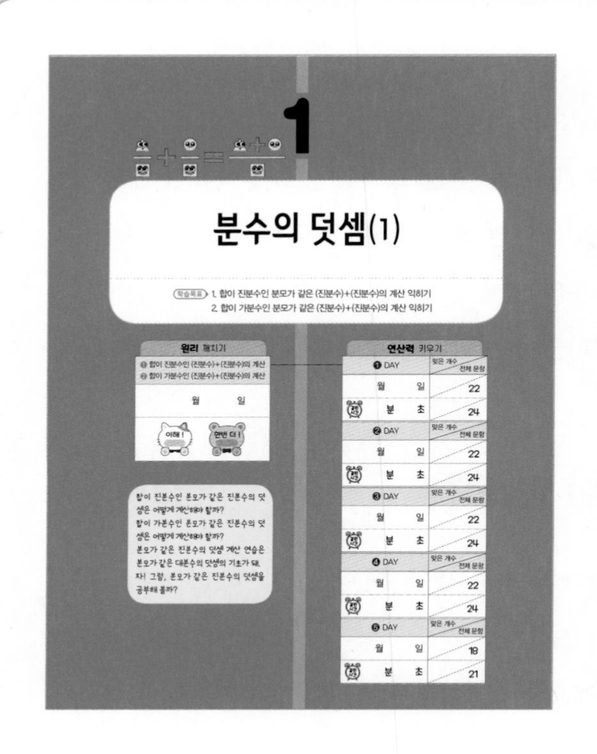

그림으로 이해

각 차시의 내용을 한눈에 이해할 수 있는 간단한 그림으로 표현하였어요.

학습 목표

각 차시별 구체적인 학습 목표를 제시하였어요.

학습 체크란

[원리 깨치기] 코너와 [연산력 키우기] 코너로 구분되어 있어요. 연산력 키우기는 날짜, 시간, 맞은 문항 개수를 매일 체크하여 학습 진행 과정을 스스로 관리할 수 있도록 하였어요.

친절한 설명글

차시에 대한 이해를 돕고 친구들에게 학습에 대한 의욕을 북돋는 글이에요.

원리 깨치기만 보면 계산 원리가 보여요.

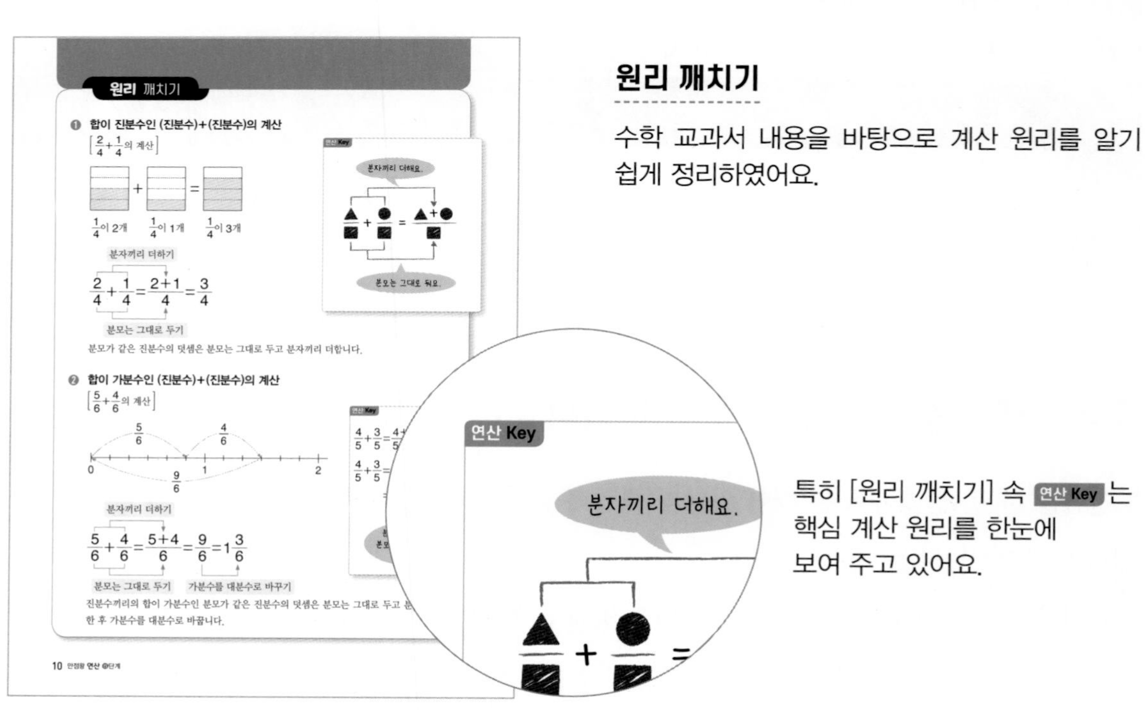

원리 깨치기

수학 교과서 내용을 바탕으로 계산 원리를 알기 쉽게 정리하였어요.

특히 [원리 깨치기] 속 연산 Key 는 핵심 계산 원리를 한눈에 보여 주고 있어요.

5DAY 연산력 키우기로 연산 능력을 쑥쑥 길러요.

1 DAY

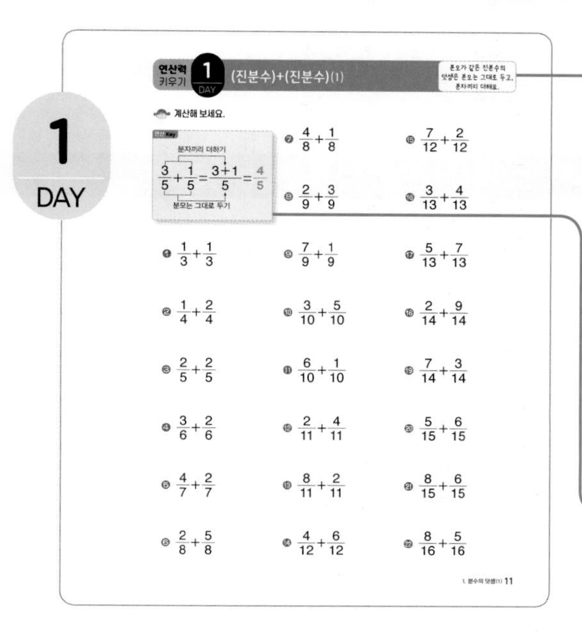

연산력 키우기 5 DAY 학습

- [연산력 키우기] 학습에 앞서 [원리 깨치기]를 반드시 학습하여 계산 원리를 충분히 이해해요.
- 각 DAY 1쪽에 있는 오른쪽 상단의 힌트를 읽으면 문제를 풀 때 도움이 돼요.
- 각 DAY 연산 문제를 풀기 전, 연산 Key 를 먼저 확인하고 계산 원리와 방법을 스스로 이해해요.

2 DAY

연산력 키우기 2 DAY (진분수)+(진분수)(2)

3 DAY

연산력 키우기 3 DAY (진분수)+(진분수)(3)

4 DAY

연산력 키우기 4 DAY (진분수)+(진분수)(4)

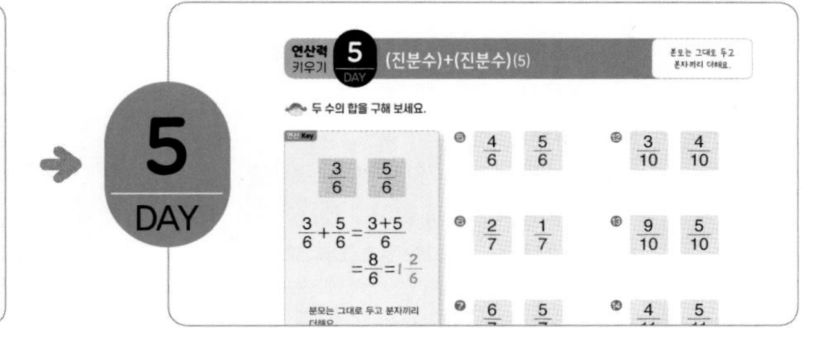

5 DAY

연산력 키우기 5 DAY (진분수)+(진분수)(5)

단계 학습 구성

예비 초등

Pre ❶단계		Pre ❷단계	
1차시	1, 2, 3, 4, 5 알기	1차시	십몇 알기
2차시	6, 7, 8, 9, 10 알기	2차시	50까지의 수 알기
3차시	10까지의 수의 순서	3차시	100까지의 수 알기
4차시	10까지의 수의 크기 비교	4차시	100까지의 수의 순서
5차시	2~5까지의 수 모으기와 가르기	5차시	100까지의 수의 크기 비교
6차시	5까지의 덧셈	6차시	10 모으기와 가르기
7차시	5까지의 뺄셈	7차시	10이 되는 덧셈
8차시	6~9까지의 수 모으기와 가르기	8차시	10에서 빼는 뺄셈
9차시	10보다 작은 덧셈	9차시	10보다 큰 덧셈
10차시	10보다 작은 뺄셈	10차시	10보다 큰 뺄셈

초등 1학년

❶단계		❷단계	
1차시	2~6까지의 수 모으기와 가르기	1차시	(몇십)+(몇), (몇십몇)+(몇)
2차시	7~9까지의 수 모으기와 가르기	2차시	(몇십)+(몇십), (몇십몇)+(몇십몇)
3차시	합이 9까지인 덧셈 (1)	3차시	(몇십몇)−(몇)
4차시	합이 9까지인 덧셈 (2)	4차시	(몇십)−(몇십), (몇십몇)−(몇십몇)
5차시	차가 8까지인 뺄셈 (1)	5차시	세 수의 덧셈과 뺄셈
6차시	차가 8까지인 뺄셈 (2)	6차시	이어 세기로 두 수 더하기
7차시	0을 더하거나 빼기	7차시	10이 되는 덧셈식, 10에서 빼는 뺄셈식
8차시	덧셈, 뺄셈 규칙으로 계산하기	8차시	10을 만들어 더하기
		9차시	10을 이용하여 모으기와 가르기
		10차시	(몇)+(몇)=(십몇)
		11차시	(십몇)−(몇)=(몇)
		12차시	덧셈, 뺄셈 규칙으로 계산하기

초등 2학년

❸단계		❹단계	
1차시	(두 자리 수)+(한 자리 수)	1차시	2단, 5단 곱셈구구
2차시	(두 자리 수)+(두 자리 수)	2차시	3단, 6단 곱셈구구
3차시	여러 가지 방법으로 덧셈하기	3차시	2, 3, 5, 6단 곱셈구구
4차시	(두 자리 수)−(한 자리 수)	4차시	4단, 8단 곱셈구구
5차시	(두 자리 수)−(두 자리 수)	5차시	7단, 9단 곱셈구구
6차시	여러 가지 방법으로 뺄셈하기	6차시	4, 7, 8, 9단 곱셈구구
7차시	덧셈과 뺄셈의 관계를 식으로 나타내기	7차시	1단, 0의 곱, 곱셈표
8차시	□의 값 구하기	8차시	곱셈구구의 완성
9차시	세 수의 계산		
10차시	여러 가지 방법으로 세기		
11차시	곱셈식 알아보기		
12차시	곱셈식으로 나타내기		

초등 3학년

⑤단계	
1차시	세 자리 수의 덧셈 (1)
2차시	세 자리 수의 덧셈 (2)
3차시	세 자리 수의 뺄셈 (1)
4차시	세 자리 수의 뺄셈 (2)
5차시	(두 자리 수)÷(한 자리 수) (1)
6차시	(두 자리 수)÷(한 자리 수) (2)
7차시	(두 자리 수)×(한 자리 수) (1)
8차시	(두 자리 수)×(한 자리 수) (2)
9차시	(두 자리 수)×(한 자리 수) (3)
10차시	(두 자리 수)×(한 자리 수) (4)

⑥단계	
1차시	(세 자리 수)×(한 자리 수) (1)
2차시	(세 자리 수)×(한 자리 수) (2)
3차시	(두 자리 수)×(두 자리 수) (1), (한 자리 수)×(두 자리 수)
4차시	(두 자리 수)×(두 자리 수) (2)
5차시	(두 자리 수)÷(한 자리 수) (1)
6차시	(두 자리 수)÷(한 자리 수) (2)
7차시	(세 자리 수)÷(한 자리 수) (1)
8차시	(세 자리 수)÷(한 자리 수) (2)
9차시	분수
10차시	여러 가지 분수, 분수의 크기 비교

초등 4학년

⑦단계	
1차시	(몇백)×(몇십), (몇백몇십)×(몇십)
2차시	(세 자리 수)×(몇십)
3차시	(몇백)×(두 자리 수), (몇백몇십)×(두 자리 수)
4차시	(세 자리 수)×(두 자리 수)
5차시	(두 자리 수)÷(몇십)
6차시	(세 자리 수)÷(몇십)
7차시	(두 자리 수)÷(두 자리 수)
8차시	몫이 한 자리 수인 (세 자리 수)÷(두 자리 수)
9차시	몫이 두 자리 수이고 나누어떨어지는 (세 자리 수)÷(두 자리 수)
10차시	몫이 두 자리 수이고 나머지가 있는 (세 자리 수)÷(두 자리 수)

⑧단계	
1차시	분수의 덧셈 (1)
2차시	분수의 뺄셈 (1)
3차시	분수의 덧셈 (2)
4차시	분수의 뺄셈 (2)
5차시	분수의 뺄셈 (3)
6차시	분수의 뺄셈 (4)
7차시	자릿수가 같은 소수의 덧셈
8차시	자릿수가 다른 소수의 덧셈
9차시	자릿수가 같은 소수의 뺄셈
10차시	자릿수가 다른 소수의 뺄셈

초등 5학년

⑨단계	
1차시	덧셈과 뺄셈이 섞여 있는 식/곱셈과 나눗셈이 섞여 있는 식
2차시	덧셈, 뺄셈, 곱셈이 섞여 있는 식/덧셈, 뺄셈, 나눗셈이 섞여 있는 식
3차시	덧셈, 뺄셈, 곱셈, 나눗셈이 섞여 있는 식
4차시	약수와 배수 (1)
5차시	약수와 배수 (2)
6차시	약분과 통분 (1)
7차시	약분과 통분 (2)
8차시	진분수의 덧셈
9차시	대분수의 덧셈
10차시	분수의 뺄셈

⑩단계	
1차시	(분수)×(자연수)
2차시	(자연수)×(분수)
3차시	진분수의 곱셈
4차시	대분수의 곱셈
5차시	여러 가지 분수의 곱셈
6차시	(소수)×(자연수)
7차시	(자연수)×(소수)
8차시	(소수)×(소수) (1)
9차시	(소수)×(소수) (2)
10차시	곱의 소수점의 위치

초등 6학년

⑪단계	
1차시	(자연수)÷(자연수)
2차시	(분수)÷(자연수)
3차시	(진분수)÷(자연수), (가분수)÷(자연수)
4차시	(대분수)÷(자연수)
5차시	(소수)÷(자연수) (1)
6차시	(소수)÷(자연수) (2)
7차시	(소수)÷(자연수) (3)
8차시	(소수)÷(자연수) (4)
9차시	비와 비율 (1)
10차시	비와 비율 (2)

⑫단계	
1차시	(진분수)÷(진분수) (1)
2차시	(진분수)÷(진분수) (2)
3차시	(분수)÷(분수) (1)
4차시	(분수)÷(분수) (2)
5차시	자릿수가 같은 (소수)÷(소수)
6차시	자릿수가 다른 (소수)÷(소수)
7차시	(자연수)÷(소수)
8차시	몫을 반올림하여 나타내기
9차시	비례식과 비례배분 (1)
10차시	비례식과 비례배분 (2)

차례

1

분수의 덧셈(1)

학습목표 1. 합이 진분수인 분모가 같은 (진분수)+(진분수)의 계산 익히기
2. 합이 가분수인 분모가 같은 (진분수)+(진분수)의 계산 익히기

원리 깨치기

❶ 합이 진분수인 (진분수)+(진분수)의 계산
❷ 합이 가분수인 (진분수)+(진분수)의 계산

월 일

합이 진분수인 분모가 같은 진분수의 덧셈은 어떻게 계산해야 할까?
합이 가분수인 분모가 같은 진분수의 덧셈은 어떻게 계산해야 할까?
분모가 같은 진분수의 덧셈 계산 연습은 분모가 같은 대분수의 덧셈의 기초가 돼.
자! 그럼, 분모가 같은 진분수의 덧셈을 공부해 볼까?

연산력 키우기

DAY		맞은 개수 / 전체 문항
❶ DAY		
월	일	22
걸린 시간 분	초	24
❷ DAY		
월	일	22
걸린 시간 분	초	24
❸ DAY		
월	일	22
걸린 시간 분	초	24
❹ DAY		
월	일	22
걸린 시간 분	초	24
❺ DAY		
월	일	18
걸린 시간 분	초	21

원리 깨치기

❶ 합이 진분수인 (진분수)+(진분수)의 계산

$\left[\frac{2}{4}+\frac{1}{4}\right.$의 계산$\left.\right]$

$\frac{1}{4}$이 2개 + $\frac{1}{4}$이 1개 = $\frac{1}{4}$이 3개

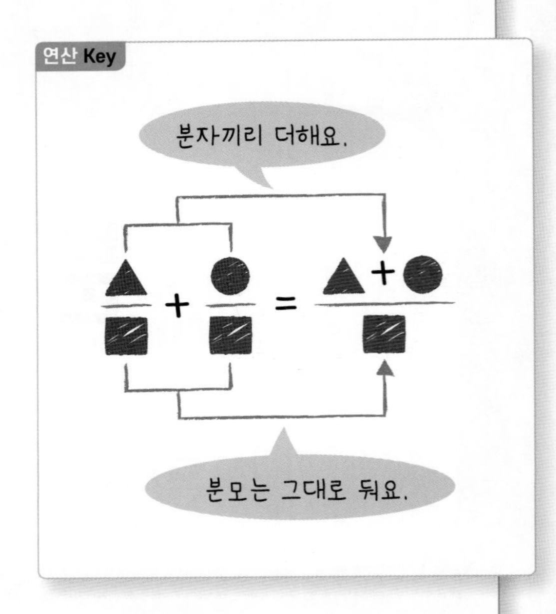

분자끼리 더하기

$$\frac{2}{4}+\frac{1}{4}=\frac{2+1}{4}=\frac{3}{4}$$

분모는 그대로 두기

분모가 같은 진분수의 덧셈은 분모는 그대로 두고 분자끼리 더합니다.

❷ 합이 가분수인 (진분수)+(진분수)의 계산

$\left[\frac{5}{6}+\frac{4}{6}\right.$의 계산$\left.\right]$

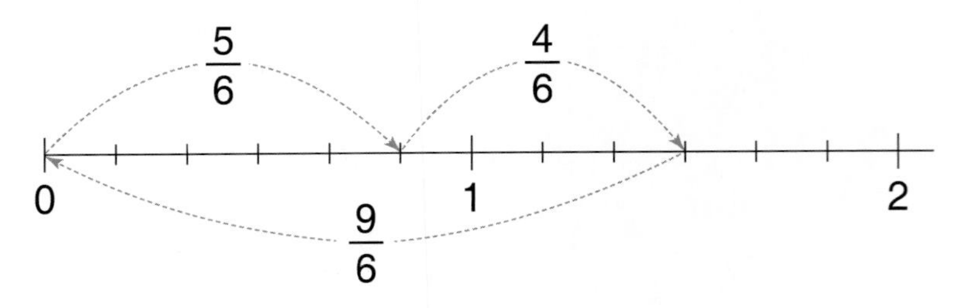

분자끼리 더하기

$$\frac{5}{6}+\frac{4}{6}=\frac{5+4}{6}=\frac{9}{6}=1\frac{3}{6}$$

분모는 그대로 두기 가분수를 대분수로 바꾸기

진분수끼리의 합이 가분수인 분모가 같은 진분수의 덧셈은 분모는 그대로 두고 분자끼리 더한 후 가분수를 대분수로 바꿉니다.

연산 Key

$\frac{4}{5}+\frac{3}{5}=\frac{4+3}{5+5}=\frac{7}{10}$ (×)

$\frac{4}{5}+\frac{3}{5}=\frac{4+3}{5}$

$=\frac{7}{5}=1\frac{2}{5}$ (○)

분수의 덧셈을 할 때 분모끼리 더하지 않도록 주의해요.

연산력 키우기 1 DAY

(진분수)+(진분수)(1)

분모가 같은 진분수의 덧셈은 분모는 그대로 두고, 분자끼리 더해요.

계산해 보세요.

연산 Key

분자끼리 더하기

$$\frac{3}{5}+\frac{1}{5}=\frac{3+1}{5}=\frac{4}{5}$$

분모는 그대로 두기

❶ $\frac{1}{3}+\frac{1}{3}$

❷ $\frac{1}{4}+\frac{2}{4}$

❸ $\frac{2}{5}+\frac{2}{5}$

❹ $\frac{3}{6}+\frac{2}{6}$

❺ $\frac{4}{7}+\frac{2}{7}$

❻ $\frac{2}{8}+\frac{5}{8}$

❼ $\frac{4}{8}+\frac{1}{8}$

❽ $\frac{2}{9}+\frac{3}{9}$

❾ $\frac{7}{9}+\frac{1}{9}$

❿ $\frac{3}{10}+\frac{5}{10}$

⓫ $\frac{6}{10}+\frac{1}{10}$

⓬ $\frac{2}{11}+\frac{4}{11}$

⓭ $\frac{8}{11}+\frac{2}{11}$

⓮ $\frac{4}{12}+\frac{6}{12}$

⓯ $\frac{7}{12}+\frac{2}{12}$

⓰ $\frac{3}{13}+\frac{4}{13}$

⓱ $\frac{5}{13}+\frac{7}{13}$

⓲ $\frac{2}{14}+\frac{9}{14}$

⓳ $\frac{7}{14}+\frac{3}{14}$

⓴ $\frac{5}{15}+\frac{6}{15}$

㉑ $\frac{8}{15}+\frac{6}{15}$

㉒ $\frac{8}{16}+\frac{5}{16}$

1 DAY (진분수)+(진분수)(1)

계산해 보세요.

① $\frac{1}{4}+\frac{1}{4}$

② $\frac{1}{5}+\frac{1}{5}$

③ $\frac{1}{6}+\frac{3}{6}$

④ $\frac{4}{6}+\frac{1}{6}$

⑤ $\frac{3}{7}+\frac{3}{7}$

⑥ $\frac{5}{7}+\frac{1}{7}$

⑦ $\frac{3}{8}+\frac{4}{8}$

⑧ $\frac{4}{9}+\frac{2}{9}$

⑨ $\frac{5}{9}+\frac{2}{9}$

⑩ $\frac{4}{10}+\frac{3}{10}$

⑪ $\frac{5}{10}+\frac{4}{10}$

⑫ $\frac{6}{11}+\frac{3}{11}$

⑬ $\frac{2}{11}+\frac{5}{11}$

⑭ $\frac{4}{12}+\frac{3}{12}$

⑮ $\frac{6}{12}+\frac{5}{12}$

⑯ $\frac{4}{13}+\frac{6}{13}$

⑰ $\frac{7}{13}+\frac{3}{13}$

⑱ $\frac{5}{14}+\frac{8}{14}$

⑲ $\frac{6}{14}+\frac{5}{14}$

⑳ $\frac{2}{15}+\frac{5}{15}$

㉑ $\frac{4}{15}+\frac{9}{15}$

㉒ $\frac{7}{16}+\frac{8}{16}$

㉓ $\frac{9}{16}+\frac{5}{16}$

㉔ $\frac{8}{17}+\frac{2}{17}$

연산력 키우기 2 DAY

(진분수)+(진분수)(2)

분수의 덧셈에서 분모는 더하지 않아요.

 **계산해 보세요.**

연산 Key

분모는 그대로 두고 분자끼리 더해요.

$\frac{2}{7}+\frac{3}{7}=\frac{2+3}{7}=\frac{5}{7}$

❶ $\frac{1}{5}+\frac{3}{5}$

❷ $\frac{3}{8}+\frac{3}{8}$

❸ $\frac{1}{11}+\frac{7}{11}$

❹ $\frac{5}{13}+\frac{6}{13}$

❺ $\frac{7}{17}+\frac{2}{17}$

❻ $\frac{13}{21}+\frac{5}{21}$

❼ $\frac{1}{6}+\frac{2}{6}$

❽ $\frac{6}{8}+\frac{1}{8}$

❾ $\frac{2}{14}+\frac{11}{14}$

❿ $\frac{5}{19}+\frac{3}{19}$

⓫ $\frac{8}{23}+\frac{9}{23}$

⓬ $\frac{6}{18}+\frac{4}{18}$

⓭ $\frac{3}{12}+\frac{5}{12}$

⓮ $\frac{7}{20}+\frac{4}{20}$

⓯ $\frac{4}{7}+\frac{1}{7}$

⓰ $\frac{1}{9}+\frac{3}{9}$

⓱ $\frac{2}{10}+\frac{4}{10}$

⓲ $\frac{9}{22}+\frac{2}{22}$

⓳ $\frac{6}{24}+\frac{13}{24}$

⓴ $\frac{7}{15}+\frac{5}{15}$

㉑ $\frac{9}{25}+\frac{12}{25}$

㉒ $\frac{11}{16}+\frac{3}{16}$

2 DAY (진분수)+(진분수)(2)

계산해 보세요.

① $\frac{2}{6}+\frac{2}{6}$

② $\frac{1}{10}+\frac{7}{10}$

③ $\frac{2}{7}+\frac{4}{7}$

④ $\frac{7}{23}+\frac{12}{23}$

⑤ $\frac{5}{18}+\frac{12}{18}$

⑥ $\frac{1}{9}+\frac{4}{9}$

⑦ $\frac{2}{11}+\frac{7}{11}$

⑧ $\frac{2}{20}+\frac{7}{20}$

⑨ $\frac{2}{7}+\frac{3}{7}$

⑩ $\frac{7}{10}+\frac{2}{10}$

⑪ $\frac{3}{9}+\frac{5}{9}$

⑫ $\frac{14}{19}+\frac{3}{19}$

⑬ $\frac{8}{14}+\frac{3}{14}$

⑭ $\frac{7}{22}+\frac{13}{22}$

⑮ $\frac{10}{12}+\frac{1}{12}$

⑯ $\frac{9}{17}+\frac{7}{17}$

⑰ $\frac{3}{8}+\frac{2}{8}$

⑱ $\frac{6}{24}+\frac{7}{24}$

⑲ $\frac{4}{12}+\frac{5}{12}$

⑳ $\frac{4}{15}+\frac{8}{15}$

㉑ $\frac{9}{27}+\frac{14}{27}$

㉒ $\frac{1}{16}+\frac{12}{16}$

㉓ $\frac{3}{13}+\frac{9}{13}$

㉔ $\frac{10}{25}+\frac{6}{25}$

연산력 키우기 3 DAY

(진분수)+(진분수)(3)

분모는 그대로 두고 분자끼리 더해요.

계산해 보세요.

연산 Key

분자끼리 더하기

$$\frac{3}{4}+\frac{2}{4}=\frac{3+2}{4}=\frac{5}{4}=1\frac{1}{4}$$

가분수를 대분수로 바꾸기

❶ $\frac{2}{3}+\frac{2}{3}$

❷ $\frac{3}{5}+\frac{4}{5}$

❸ $\frac{2}{6}+\frac{5}{6}$

❹ $\frac{4}{6}+\frac{4}{6}$

❺ $\frac{3}{7}+\frac{6}{7}$

❻ $\frac{5}{7}+\frac{3}{7}$

❼ $\frac{3}{8}+\frac{7}{8}$

❽ $\frac{7}{8}+\frac{4}{8}$

❾ $\frac{2}{9}+\frac{8}{9}$

❿ $\frac{8}{9}+\frac{5}{9}$

⓫ $\frac{6}{10}+\frac{5}{10}$

⓬ $\frac{8}{10}+\frac{6}{10}$

⓭ $\frac{5}{11}+\frac{7}{11}$

⓮ $\frac{9}{11}+\frac{8}{11}$

⓯ $\frac{4}{12}+\frac{9}{12}$

⓰ $\frac{6}{12}+\frac{8}{12}$

⓱ $\frac{5}{13}+\frac{11}{13}$

⓲ $\frac{7}{13}+\frac{8}{13}$

⓳ $\frac{2}{14}+\frac{13}{14}$

⓴ $\frac{11}{14}+\frac{8}{14}$

㉑ $\frac{9}{15}+\frac{7}{15}$

㉒ $\frac{12}{15}+\frac{6}{15}$

3 DAY (진분수)+(진분수)(3)

계산해 보세요.

❶ $\frac{2}{4}+\frac{3}{4}$

❷ $\frac{2}{5}+\frac{4}{5}$

❸ $\frac{4}{6}+\frac{3}{6}$

❹ $\frac{5}{6}+\frac{4}{6}$

❺ $\frac{2}{7}+\frac{6}{7}$

❻ $\frac{4}{7}+\frac{5}{7}$

❼ $\frac{4}{8}+\frac{5}{8}$

❽ $\frac{7}{8}+\frac{5}{8}$

❾ $\frac{6}{9}+\frac{6}{9}$

❿ $\frac{7}{9}+\frac{4}{9}$

⓫ $\frac{5}{10}+\frac{9}{10}$

⓬ $\frac{8}{10}+\frac{7}{10}$

⓭ $\frac{7}{11}+\frac{6}{11}$

⓮ $\frac{9}{11}+\frac{6}{11}$

⓯ $\frac{5}{12}+\frac{9}{12}$

⓰ $\frac{7}{12}+\frac{7}{12}$

⓱ $\frac{6}{13}+\frac{9}{13}$

⓲ $\frac{8}{13}+\frac{10}{13}$

⓳ $\frac{3}{14}+\frac{12}{14}$

⓴ $\frac{8}{14}+\frac{9}{14}$

㉑ $\frac{7}{15}+\frac{13}{15}$

㉒ $\frac{11}{15}+\frac{9}{15}$

㉓ $\frac{13}{16}+\frac{7}{16}$

㉔ $\frac{9}{17}+\frac{15}{17}$

연산력 키우기 4 DAY

(진분수)+(진분수)(4)

분자끼리 더한 결과가 가분수이면 대분수로 바꿔요.

계산해 보세요.

연산 Key

분모는 그대로 두고 분자끼리 더한 후 계산 결과가 가분수이면 대분수로 바꿔요.

$$\frac{4}{5}+\frac{3}{5}=\frac{4+3}{5}=\frac{7}{5}=1\frac{2}{5}$$

❶ $\frac{3}{4}+\frac{3}{4}$

❷ $\frac{4}{8}+\frac{6}{8}$

❸ $\frac{4}{11}+\frac{8}{11}$

❹ $\frac{4}{10}+\frac{7}{10}$

❺ $\frac{7}{14}+\frac{11}{14}$

❻ $\frac{15}{17}+\frac{4}{17}$

❼ $\frac{4}{5}+\frac{4}{5}$

❽ $\frac{3}{7}+\frac{5}{7}$

❾ $\frac{3}{9}+\frac{8}{9}$

❿ $\frac{16}{21}+\frac{9}{21}$

⓫ $\frac{13}{19}+\frac{8}{19}$

⓬ $\frac{3}{10}+\frac{9}{10}$

⓭ $\frac{5}{16}+\frac{12}{16}$

⓮ $\frac{18}{20}+\frac{5}{20}$

⓯ $\frac{3}{6}+\frac{4}{6}$

⓰ $\frac{5}{9}+\frac{6}{9}$

⓱ $\frac{5}{12}+\frac{8}{12}$

⓲ $\frac{17}{22}+\frac{9}{22}$

⓳ $\frac{6}{13}+\frac{12}{13}$

⓴ $\frac{8}{15}+\frac{10}{15}$

㉑ $\frac{17}{18}+\frac{5}{18}$

㉒ $\frac{19}{24}+\frac{12}{24}$

(진분수)+(진분수)(4)

계산해 보세요.

❶ $\frac{3}{5}+\frac{3}{5}$

❷ $\frac{4}{9}+\frac{8}{9}$

❸ $\frac{11}{12}+\frac{5}{12}$

❹ $\frac{14}{16}+\frac{4}{16}$

❺ $\frac{7}{19}+\frac{16}{19}$

❻ $\frac{6}{17}+\frac{13}{17}$

❼ $\frac{4}{13}+\frac{11}{13}$

❽ $\frac{7}{18}+\frac{12}{18}$

❾ $\frac{7}{9}+\frac{7}{9}$

❿ $\frac{5}{7}+\frac{5}{7}$

⓫ $\frac{3}{10}+\frac{8}{10}$

⓬ $\frac{16}{20}+\frac{9}{20}$

⓭ $\frac{8}{11}+\frac{5}{11}$

⓮ $\frac{10}{21}+\frac{13}{21}$

⓯ $\frac{4}{12}+\frac{10}{12}$

⓰ $\frac{14}{22}+\frac{12}{22}$

⓱ $\frac{5}{6}+\frac{2}{6}$

⓲ $\frac{6}{8}+\frac{7}{8}$

⓳ $\frac{17}{23}+\frac{9}{23}$

⓴ $\frac{10}{13}+\frac{8}{13}$

㉑ $\frac{5}{14}+\frac{11}{14}$

㉒ $\frac{18}{24}+\frac{10}{24}$

㉓ $\frac{4}{15}+\frac{12}{15}$

㉔ $\frac{19}{25}+\frac{8}{25}$

연산력 키우기 5 DAY

(진분수)+(진분수)(5)

분모는 그대로 두고 분자끼리 더해요.

두 수의 합을 구해 보세요.

연산 Key

$\frac{3}{6}$ $\frac{5}{6}$

$$\frac{3}{6}+\frac{5}{6}=\frac{3+5}{6}=\frac{8}{6}=1\frac{2}{6}$$

분모는 그대로 두고 분자끼리 더해요.

❶ $\frac{1}{4}$ $\frac{3}{4}$

❷ $\frac{2}{5}$ $\frac{1}{5}$

❸ $\frac{4}{5}$ $\frac{3}{5}$

❹ $\frac{3}{6}$ $\frac{1}{6}$

❺ $\frac{4}{6}$ $\frac{5}{6}$

❻ $\frac{2}{7}$ $\frac{1}{7}$

❼ $\frac{6}{7}$ $\frac{5}{7}$

❽ $\frac{2}{8}$ $\frac{5}{8}$

❾ $\frac{5}{8}$ $\frac{7}{8}$

❿ $\frac{1}{9}$ $\frac{4}{9}$

⓫ $\frac{2}{9}$ $\frac{8}{9}$

⓬ $\frac{3}{10}$ $\frac{4}{10}$

⓭ $\frac{9}{10}$ $\frac{5}{10}$

⓮ $\frac{4}{11}$ $\frac{5}{11}$

⓯ $\frac{7}{11}$ $\frac{9}{11}$

⓰ $\frac{7}{12}$ $\frac{8}{12}$

⓱ $\frac{8}{13}$ $\frac{9}{13}$

⓲ $\frac{11}{14}$ $\frac{6}{14}$

5 DAY

(진분수)+(진분수)(5)

두 수의 합을 구해 보세요.

❶ $\frac{2}{3}$ $\frac{1}{3}$

❷ $\frac{1}{8}$ $\frac{4}{8}$

❸ $\frac{3}{12}$ $\frac{8}{12}$

❹ $\frac{2}{6}$ $\frac{3}{6}$

❺ $\frac{11}{15}$ $\frac{8}{15}$

❻ $\frac{5}{10}$ $\frac{13}{10}$

❼ $\frac{14}{17}$ $\frac{2}{17}$

❽ $\frac{3}{4}$ $\frac{2}{4}$

❾ $\frac{5}{8}$ $\frac{6}{8}$

❿ $\frac{2}{9}$ $\frac{6}{9}$

⓫ $\frac{9}{16}$ $\frac{11}{16}$

⓬ $\frac{8}{15}$ $\frac{8}{15}$

⓭ $\frac{3}{7}$ $\frac{5}{7}$

⓮ $\frac{12}{17}$ $\frac{8}{17}$

⓯ $\frac{2}{5}$ $\frac{4}{5}$

⓰ $\frac{4}{13}$ $\frac{7}{13}$

⓱ $\frac{8}{14}$ $\frac{11}{14}$

⓲ $\frac{3}{10}$ $\frac{6}{10}$

⓳ $\frac{4}{11}$ $\frac{9}{11}$

⓴ $\frac{13}{18}$ $\frac{2}{18}$

㉑ $\frac{10}{19}$ $\frac{12}{19}$

2

분수의 뺄셈(1)

학습목표 1. 분모가 같은 (진분수)−(진분수)의 계산 익히기
2. 1−(진분수)의 계산 익히기

원리 깨치기

❶ (진분수)−(진분수)의 계산
❷ 1−(진분수)의 계산

월 일

분모가 같은 진분수의 뺄셈은 어떻게 계산해야 할까?
1−(진분수)는 어떻게 계산해야 할까?
분모가 같은 진분수의 뺄셈 계산 연습은 분모가 같은 대분수의 뺄셈의 기초가 돼.
자! 그럼, 분모가 같은 진분수의 뺄셈을 공부해 볼까?

연산력 키우기

DAY		맞은 개수 / 전체 문항
❶ DAY		
월	일	/ 22
걸린 시간 분	초	/ 24
❷ DAY		
월	일	/ 22
걸린 시간 분	초	/ 24
❸ DAY		
월	일	/ 22
걸린 시간 분	초	/ 24
❹ DAY		
월	일	/ 22
걸린 시간 분	초	/ 24
❺ DAY		
월	일	/ 18
걸린 시간 분	초	/ 21

원리 깨치기

❶ (진분수)-(진분수)의 계산

$\left[\frac{4}{5}-\frac{3}{5}\text{의 계산}\right]$

$\frac{1}{5}$이 4개 − $\frac{1}{5}$이 3개 = $\frac{1}{5}$이 1개

분자끼리 빼기

$$\frac{4}{5}-\frac{3}{5}=\frac{4-3}{5}=\frac{1}{5}$$

분모는 그대로 두기

분모가 같은 진분수의 뺄셈은 분모는 그대로 두고 분자끼리 뺍니다.

연산 Key

분자끼리 빼요.

$$\frac{▲}{■}-\frac{●}{■}=\frac{▲-●}{■}$$

분모는 그대로 둬요.

❷ 1-(진분수)의 계산

$\left[1-\frac{2}{6}\text{의 계산}\right]$

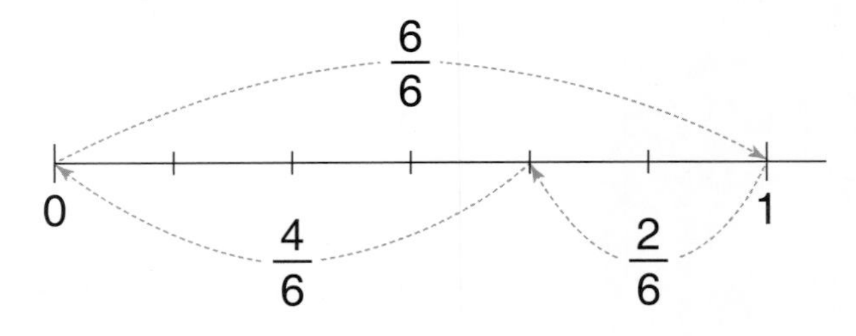

1을 가분수로 바꾸기

$$1-\frac{2}{6}=\frac{6}{6}-\frac{2}{6}=\frac{6-2}{6}=\frac{4}{6}$$

분모는 그대로 두고 분자끼리 빼기

1-(진분수)의 계산은 1을 가분수로 바꾼 다음 분모는 그대로 두고 분자끼리 뺍니다.

연산 Key

1을 가분수로 바꾸기

$$1=\frac{2}{2}=\frac{3}{3}=\frac{4}{4}=\frac{5}{5}=\cdots\cdots$$

1은 분모와 분자가 같은 가분수로 나타낼 수 있어요.

연산력 키우기 1 DAY

(진분수)-(진분수)(1)

분모가 같은 진분수의 뺄셈은 분모는 그대로 두고, 분자끼리 빼요.

계산해 보세요.

연산 Key

분자끼리 빼기

$\frac{3}{4}-\frac{1}{4}=\frac{3-1}{4}=\frac{2}{4}$

분모는 그대로 두기

❶ $\frac{2}{3}-\frac{1}{3}$

❷ $\frac{3}{5}-\frac{2}{5}$

❸ $\frac{4}{5}-\frac{1}{5}$

❹ $\frac{3}{6}-\frac{1}{6}$

❺ $\frac{5}{6}-\frac{2}{6}$

❻ $\frac{4}{7}-\frac{2}{7}$

❼ $\frac{5}{8}-\frac{3}{8}$

❽ $\frac{7}{8}-\frac{2}{8}$

❾ $\frac{6}{9}-\frac{1}{9}$

❿ $\frac{8}{9}-\frac{4}{9}$

⓫ $\frac{7}{10}-\frac{3}{10}$

⓬ $\frac{9}{10}-\frac{4}{10}$

⓭ $\frac{8}{11}-\frac{5}{11}$

⓮ $\frac{10}{11}-\frac{3}{11}$

⓯ $\frac{7}{12}-\frac{4}{12}$

⓰ $\frac{11}{12}-\frac{8}{12}$

⓱ $\frac{9}{13}-\frac{4}{13}$

⓲ $\frac{12}{13}-\frac{7}{13}$

⓳ $\frac{11}{14}-\frac{5}{14}$

⓴ $\frac{13}{14}-\frac{9}{14}$

㉑ $\frac{8}{15}-\frac{6}{15}$

㉒ $\frac{14}{15}-\frac{7}{15}$

1 DAY

(진분수)-(진분수)(1)

 계산해 보세요.

❶ $\frac{3}{4}-\frac{2}{4}$

❷ $\frac{3}{5}-\frac{1}{5}$

❸ $\frac{4}{6}-\frac{3}{6}$

❹ $\frac{5}{6}-\frac{1}{6}$

❺ $\frac{5}{7}-\frac{3}{7}$

❻ $\frac{6}{7}-\frac{2}{7}$

❼ $\frac{4}{8}-\frac{2}{8}$

❽ $\frac{7}{8}-\frac{3}{8}$

❾ $\frac{5}{9}-\frac{2}{9}$

❿ $\frac{6}{10}-\frac{3}{10}$

⓫ $\frac{8}{10}-\frac{2}{10}$

⓬ $\frac{7}{11}-\frac{3}{11}$

⓭ $\frac{9}{11}-\frac{4}{11}$

⓮ $\frac{8}{12}-\frac{5}{12}$

⓯ $\frac{10}{12}-\frac{6}{12}$

⓰ $\frac{6}{13}-\frac{5}{13}$

⓱ $\frac{11}{13}-\frac{6}{13}$

⓲ $\frac{9}{14}-\frac{8}{14}$

⓳ $\frac{12}{14}-\frac{7}{14}$

⓴ $\frac{7}{15}-\frac{5}{15}$

㉑ $\frac{13}{15}-\frac{5}{15}$

㉒ $\frac{11}{16}-\frac{8}{16}$

㉓ $\frac{14}{16}-\frac{9}{16}$

㉔ $\frac{15}{17}-\frac{8}{17}$

연산력 키우기 2 DAY (진분수)-(진분수)(2)

분모가 같은 분수의 뺄셈은 분모가 변하지 않아요.

계산해 보세요.

연산 Key

분모는 그대로 두고 분자끼리 빼요.

$$\frac{5}{7}-\frac{3}{7}=\frac{5-3}{7}=\frac{2}{7}$$

❶ $\frac{4}{5}-\frac{2}{5}$

❷ $\frac{5}{6}-\frac{3}{6}$

❸ $\frac{4}{7}-\frac{1}{7}$

❹ $\frac{2}{10}-\frac{1}{10}$

❺ $\frac{13}{14}-\frac{11}{14}$

❻ $\frac{11}{19}-\frac{3}{19}$

❼ $\frac{8}{9}-\frac{2}{9}$

❽ $\frac{12}{23}-\frac{9}{23}$

❾ $\frac{12}{20}-\frac{7}{20}$

❿ $\frac{11}{16}-\frac{3}{16}$

⓫ $\frac{13}{21}-\frac{7}{21}$

⓬ $\frac{16}{17}-\frac{7}{17}$

⓭ $\frac{21}{22}-\frac{18}{22}$

⓮ $\frac{17}{24}-\frac{9}{24}$

⓯ $\frac{5}{8}-\frac{1}{8}$

⓰ $\frac{8}{13}-\frac{2}{13}$

⓱ $\frac{6}{8}-\frac{3}{8}$

⓲ $\frac{9}{15}-\frac{8}{15}$

⓳ $\frac{14}{25}-\frac{8}{25}$

⓴ $\frac{8}{11}-\frac{1}{11}$

㉑ $\frac{11}{12}-\frac{4}{12}$

㉒ $\frac{16}{18}-\frac{9}{18}$

2 DAY

(진분수)-(진분수)(2)

계산해 보세요.

❶ $\frac{4}{6}-\frac{1}{6}$

❷ $\frac{2}{7}-\frac{1}{7}$

❸ $\frac{10}{17}-\frac{5}{17}$

❹ $\frac{8}{10}-\frac{3}{10}$

❺ $\frac{13}{18}-\frac{6}{18}$

❻ $\frac{18}{24}-\frac{13}{24}$

❼ $\frac{14}{19}-\frac{9}{19}$

❽ $\frac{5}{10}-\frac{2}{10}$

❾ $\frac{4}{8}-\frac{3}{8}$

❿ $\frac{14}{20}-\frac{6}{20}$

⓫ $\frac{7}{11}-\frac{6}{11}$

⓬ $\frac{10}{21}-\frac{3}{21}$

⓭ $\frac{6}{12}-\frac{3}{12}$

⓮ $\frac{11}{22}-\frac{7}{22}$

⓯ $\frac{20}{23}-\frac{4}{23}$

⓰ $\frac{10}{13}-\frac{6}{13}$

⓱ $\frac{3}{9}-\frac{1}{9}$

⓲ $\frac{12}{14}-\frac{8}{14}$

⓳ $\frac{9}{15}-\frac{2}{15}$

⓴ $\frac{13}{25}-\frac{8}{25}$

㉑ $\frac{12}{16}-\frac{4}{16}$

㉒ $\frac{21}{26}-\frac{12}{26}$

㉓ $\frac{9}{17}-\frac{7}{17}$

㉔ $\frac{12}{27}-\frac{5}{27}$

연산력 키우기 3 DAY

1-(진분수)(1)

1을 분모가 진분수의 분모와 같은 가분수로 바꿔요.

계산해 보세요.

연산 Key

1을 가분수로 바꾸기

$1-\frac{2}{4}=\frac{4}{4}-\frac{2}{4}$

$=\frac{4-2}{4}$ ← 분모는 그대로 두고 분자끼리 빼기

$=\frac{2}{4}$

❶ $1-\frac{1}{2}$

❷ $1-\frac{1}{3}$

❸ $1-\frac{3}{4}$

❹ $1-\frac{2}{5}$

❺ $1-\frac{4}{5}$

❻ $1-\frac{2}{6}$

❼ $1-\frac{4}{6}$

❽ $1-\frac{1}{7}$

❾ $1-\frac{5}{7}$

❿ $1-\frac{3}{8}$

⓫ $1-\frac{6}{8}$

⓬ $1-\frac{2}{9}$

⓭ $1-\frac{7}{9}$

⓮ $1-\frac{3}{10}$

⓯ $1-\frac{8}{10}$

⓰ $1-\frac{4}{11}$

⓱ $1-\frac{9}{11}$

⓲ $1-\frac{5}{12}$

⓳ $1-\frac{10}{12}$

⓴ $1-\frac{8}{13}$

㉑ $1-\frac{7}{14}$

㉒ $1-\frac{9}{15}$

3 DAY 1-(진분수)(1)

계산해 보세요.

❶ $1-\frac{2}{3}$

❷ $1-\frac{1}{4}$

❸ $1-\frac{3}{5}$

❹ $1-\frac{1}{6}$

❺ $1-\frac{2}{7}$

❻ $1-\frac{4}{7}$

❼ $1-\frac{4}{8}$

❽ $1-\frac{1}{9}$

❾ $1-\frac{3}{9}$

❿ $1-\frac{2}{10}$

⓫ $1-\frac{7}{10}$

⓬ $1-\frac{3}{11}$

⓭ $1-\frac{6}{11}$

⓮ $1-\frac{4}{12}$

⓯ $1-\frac{9}{12}$

⓰ $1-\frac{6}{13}$

⓱ $1-\frac{10}{13}$

⓲ $1-\frac{5}{14}$

⓳ $1-\frac{11}{14}$

⓴ $1-\frac{6}{15}$

㉑ $1-\frac{10}{15}$

㉒ $1-\frac{9}{16}$

㉓ $1-\frac{11}{16}$

㉔ $1-\frac{8}{17}$

연산력 키우기 4 DAY

1-(진분수)(2)

가분수와 진분수의 뺄셈도 분모는 그대로 두고 분자끼리 빼요.

계산해 보세요.

연산 Key

1을 가분수로 바꾼 다음 분모는 그대로 두고 분자끼리 빼요.

$$1-\frac{5}{6}=\frac{6}{6}-\frac{5}{6}=\frac{6-5}{6}=\frac{1}{6}$$

❶ $1-\frac{3}{7}$

❷ $1-\frac{2}{11}$

❸ $1-\frac{9}{14}$

❹ $1-\frac{8}{21}$

❺ $1-\frac{7}{15}$

❻ $1-\frac{15}{20}$

❼ $1-\frac{5}{8}$

❽ $1-\frac{8}{9}$

❾ $1-\frac{3}{12}$

❿ $1-\frac{7}{22}$

⓫ $1-\frac{2}{13}$

⓬ $1-\frac{5}{23}$

⓭ $1-\frac{11}{13}$

⓮ $1-\frac{8}{24}$

⓯ $1-\frac{4}{9}$

⓰ $1-\frac{4}{10}$

⓱ $1-\frac{13}{25}$

⓲ $1-\frac{2}{16}$

⓳ $1-\frac{18}{26}$

⓴ $1-\frac{7}{17}$

㉑ $1-\frac{13}{19}$

㉒ $1-\frac{11}{18}$

4 DAY

1-(진분수)(2)

계산해 보세요.

❶ $1-\frac{6}{7}$

❷ $1-\frac{2}{8}$

❸ $1-\frac{5}{9}$

❹ $1-\frac{11}{20}$

❺ $1-\frac{9}{10}$

❻ $1-\frac{5}{11}$

❼ $1-\frac{10}{21}$

❽ $1-\frac{8}{24}$

❾ $1-\frac{2}{4}$

❿ $1-\frac{4}{13}$

⓫ $1-\frac{17}{23}$

⓬ $1-\frac{9}{17}$

⓭ $1-\frac{2}{12}$

⓮ $1-\frac{13}{19}$

⓯ $1-\frac{5}{22}$

⓰ $1-\frac{16}{21}$

⓱ $1-\frac{1}{5}$

⓲ $1-\frac{10}{16}$

⓳ $1-\frac{4}{14}$

⓴ $1-\frac{15}{27}$

㉑ $1-\frac{9}{18}$

㉒ $1-\frac{4}{15}$

㉓ $1-\frac{11}{20}$

㉔ $1-\frac{12}{25}$

연산력 키우기 5 DAY 진분수의 뺄셈

큰 수에서 작은 수를 빼 보아요.

두 수의 차를 구해 보세요.

연산 Key

$\frac{4}{6}$ $\frac{3}{6}$

$$\frac{4}{6}-\frac{3}{6}=\frac{4-3}{6}=\frac{1}{6}$$

분모는 그대로 두고 분자끼리 빼요.

❶ $\frac{3}{4}$ $\frac{2}{4}$

❷ 1 $\frac{1}{5}$

❸ $\frac{4}{5}$ $\frac{2}{5}$

❹ $\frac{5}{6}$ $\frac{1}{6}$

❺ $\frac{2}{7}$ $\frac{5}{7}$

❻ $\frac{6}{7}$ 1

❼ $\frac{2}{8}$ $\frac{5}{8}$

❽ 1 $\frac{7}{8}$

❾ $\frac{1}{9}$ $\frac{5}{9}$

❿ 1 $\frac{6}{9}$

⓫ $\frac{5}{10}$ $\frac{8}{10}$

⓬ $\frac{3}{10}$ 1

⓭ $\frac{9}{11}$ $\frac{4}{11}$

⓮ $\frac{7}{11}$ 1

⓯ $\frac{7}{12}$ $\frac{3}{12}$

⓰ 1 $\frac{6}{12}$

⓱ $\frac{11}{13}$ $\frac{2}{13}$

⓲ 1 $\frac{6}{14}$

5 DAY

진분수의 뺄셈

두 수의 차를 구해 보세요.

❶ $\frac{2}{4}$ 1

❷ $\frac{2}{9}$ $\frac{6}{9}$

❸ 1 $\frac{5}{12}$

❹ $\frac{5}{7}$ $\frac{3}{7}$

❺ $\frac{13}{19}$ 1

❻ $\frac{12}{18}$ $\frac{7}{18}$

❼ 1 $\frac{3}{8}$

❽ $\frac{3}{5}$ $\frac{2}{5}$

❾ $\frac{13}{18}$ $\frac{4}{18}$

❿ $\frac{3}{10}$ $\frac{7}{10}$

⓫ 1 $\frac{6}{20}$

⓬ $\frac{11}{15}$ $\frac{8}{15}$

⓭ $\frac{9}{21}$ 1

⓮ $\frac{13}{17}$ 1

⓯ 1 $\frac{2}{6}$

⓰ $\frac{5}{13}$ $\frac{11}{13}$

⓱ $\frac{8}{14}$ 1

⓲ $\frac{2}{11}$ $\frac{8}{11}$

⓳ 1 $\frac{9}{16}$

⓴ $\frac{13}{22}$ $\frac{8}{22}$

㉑ $\frac{15}{23}$ 1

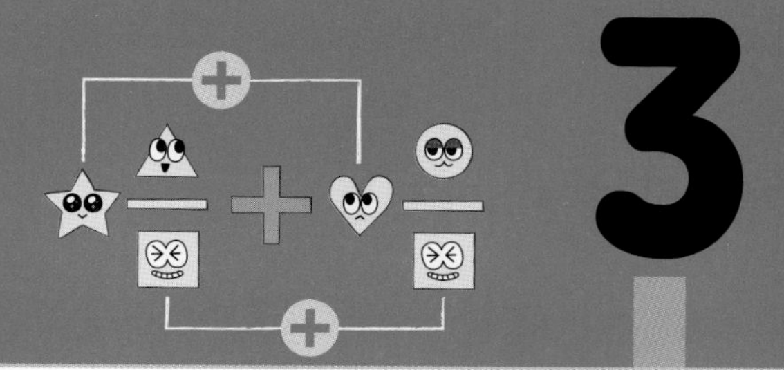

3

분수의 덧셈(2)

학습목표 1. 분수끼리의 합이 진분수인 분모가 같은 대분수의 덧셈 익히기
2. 분수끼리의 합이 가분수인 분모가 같은 대분수의 덧셈 익히기

원리 깨치기

❶ 분수끼리의 합이 진분수인 대분수의 덧셈 ❷ 분수끼리의 합이 가분수인 대분수의 덧셈
월 일

연산력 키우기

		맞은 개수 / 전체 문항
❶ DAY		
월	일	21
걸린 시간 분	초	24
❷ DAY		
월	일	21
걸린 시간 분	초	24
❸ DAY		
월	일	21
걸린 시간 분	초	24
❹ DAY		
월	일	21
걸린 시간 분	초	24
❺ DAY		
월	일	21
걸린 시간 분	초	24

분수끼리의 합이 진분수인 분모가 같은 대분수의 덧셈은 어떻게 계산해야 할까?
분수끼리의 합이 가분수인 분모가 같은 대분수의 덧셈은 어떻게 계산해야 할까?
분모가 같은 대분수의 덧셈 계산 연습은 분모가 다른 분수의 덧셈의 기초가 돼.
자! 그럼, 분모가 같은 대분수의 덧셈을 공부해 볼까?

원리 깨치기

❶ 분수끼리의 합이 진분수인 분모가 같은 대분수의 덧셈

[$2\frac{1}{4}+1\frac{2}{4}$의 계산]

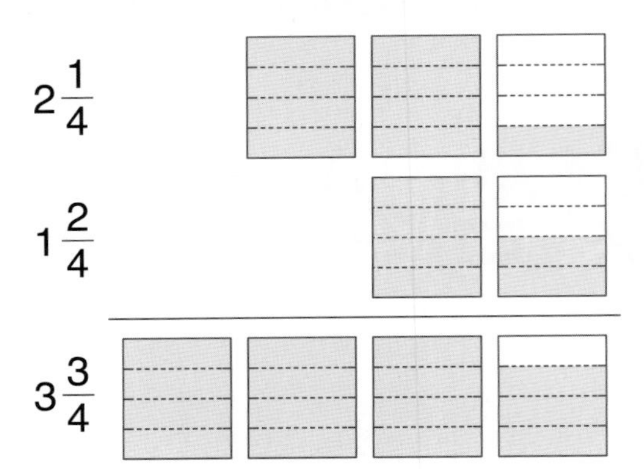

연산 Key

자연수끼리 더해요.

$1\frac{1}{5}+2\frac{3}{5}=(1+2)+\left(\frac{1}{5}+\frac{3}{5}\right)$
$=3+\frac{4}{5}=3\frac{4}{5}$

분수끼리 더해요.

$$2\frac{1}{4}+1\frac{2}{4}=(2+1)+\left(\frac{1}{4}+\frac{2}{4}\right)=3+\frac{3}{4}=3\frac{3}{4}$$

자연수는 자연수끼리, 분수는 분수끼리 더합니다.

❷ 분수끼리의 합이 가분수인 분모가 같은 대분수의 덧셈

[$1\frac{2}{3}+2\frac{2}{3}$의 계산]

방법 1 자연수는 자연수끼리, 분수는 분수끼리 더한 후 분수끼리의 합이 가분수이면 대분수로 바꿉니다.

자연수끼리 더하기

$$1\frac{2}{3}+2\frac{2}{3}=(1+2)+\left(\frac{2}{3}+\frac{2}{3}\right)$$

분수끼리 더하기

$$=3+\frac{4}{3}=3+1\frac{1}{3}=4\frac{1}{3}$$

가분수를 대분수로 바꾸기

연산 Key

$1\frac{3}{5}+2\frac{4}{5}=(1+2)+\left(\frac{3}{5}+\frac{4}{5}\right)$
$=3+\frac{7}{5}=3+1\frac{2}{5}$
$=4\frac{2}{5}$

진분수끼리의 합이 가분수이면 대분수로 바꿔요.

방법 2 대분수를 가분수로 바꾸어 분자끼리 더한 후 대분수로 바꿉니다.

$$1\frac{2}{3}+2\frac{2}{3}=\frac{5}{3}+\frac{8}{3}=\frac{13}{3}=4\frac{1}{3}$$

대분수를 가분수로 바꾸기 가분수를 대분수로 바꾸기

연산력 키우기 1 DAY

대분수의 덧셈(1)

대분수의 덧셈은 자연수끼리, 분수끼리 더해요.

계산해 보세요.

연산 Key

자연수끼리 더하기

$1\frac{1}{4}+2\frac{2}{4}=(1+2)+\left(\frac{1}{4}+\frac{2}{4}\right)$

분수끼리 더하기

$=3+\frac{3}{4}=3\frac{3}{4}$

⑬ $1\frac{4}{10}+1\frac{5}{10}$

⑭ $3\frac{2}{10}+1\frac{5}{10}$

⑮ $\frac{5}{11}+3\frac{3}{11}$

① $2\frac{1}{3}+1\frac{1}{3}$

② $4\frac{1}{4}+1\frac{1}{4}$

③ $1\frac{2}{5}+4\frac{2}{5}$

④ $2\frac{3}{5}+2\frac{1}{5}$

⑤ $1\frac{2}{6}+2\frac{3}{6}$

⑥ $2\frac{2}{6}+3\frac{2}{6}$

⑦ $1\frac{1}{7}+2\frac{3}{7}$

⑧ $3\frac{4}{7}+1\frac{2}{7}$

⑨ $2\frac{3}{8}+1\frac{2}{8}$

⑩ $4\frac{1}{8}+\frac{6}{8}$

⑪ $\frac{2}{9}+3\frac{5}{9}$

⑫ $1\frac{3}{9}+2\frac{4}{9}$

⑯ $2\frac{3}{11}+1\frac{4}{11}$

⑰ $1\frac{3}{12}+6\frac{7}{12}$

⑱ $5\frac{5}{12}+1\frac{2}{12}$

⑲ $3\frac{5}{13}+1\frac{6}{13}$

⑳ $2\frac{7}{14}+2\frac{3}{14}$

㉑ $1\frac{8}{15}+2\frac{6}{15}$

1 DAY

대분수의 덧셈(1)

계산해 보세요.

❶ $3\frac{1}{4}+2\frac{2}{4}$

❷ $1\frac{2}{5}+3\frac{1}{5}$

❸ $\frac{1}{6}+5\frac{3}{6}$

❹ $1\frac{2}{6}+3\frac{2}{6}$

❺ $1\frac{3}{7}+1\frac{3}{7}$

❻ $3\frac{5}{7}+\frac{1}{7}$

❼ $1\frac{1}{8}+1\frac{4}{8}$

❽ $4\frac{1}{8}+2\frac{6}{8}$

❾ $1\frac{5}{9}+3\frac{2}{9}$

❿ $5\frac{4}{9}+\frac{2}{9}$

⓫ $1\frac{5}{10}+1\frac{4}{10}$

⓬ $2\frac{4}{10}+3\frac{3}{10}$

⓭ $1\frac{7}{11}+2\frac{3}{11}$

⓮ $2\frac{8}{11}+2\frac{1}{11}$

⓯ $2\frac{4}{12}+3\frac{6}{12}$

⓰ $4\frac{6}{12}+1\frac{5}{12}$

⓱ $1\frac{4}{13}+2\frac{5}{13}$

⓲ $4\frac{7}{13}+\frac{3}{13}$

⓳ $1\frac{6}{14}+2\frac{5}{14}$

⓴ $3\frac{5}{14}+1\frac{8}{14}$

㉑ $2\frac{3}{15}+\frac{9}{15}$

㉒ $5\frac{4}{15}+3\frac{5}{15}$

㉓ $1\frac{9}{16}+3\frac{5}{16}$

㉔ $2\frac{7}{16}+3\frac{6}{16}$

연산력 키우기 2 DAY

대분수의 덧셈(2)

분모가 같은 대분수의 덧셈은 분모가 변하지 않아요.

계산해 보세요.

연산 Key

자연수는 자연수끼리, 분수는 분수끼리 더해요.

$2\frac{1}{6}+3\frac{4}{6}$

$=(2+3)+\left(\frac{1}{6}+\frac{4}{6}\right)$

$=5+\frac{5}{6}=5\frac{5}{6}$

❶ $3\frac{2}{4}+2\frac{1}{4}$

❷ $1\frac{5}{7}+4\frac{1}{7}$

❸ $1\frac{2}{10}+2\frac{5}{10}$

❹ $2\frac{7}{18}+3\frac{4}{18}$

❺ $1\frac{13}{20}+3\frac{5}{20}$

❻ $2\frac{1}{5}+3\frac{3}{5}$

❼ $2\frac{1}{6}+3\frac{4}{6}$

❽ $1\frac{4}{12}+2\frac{5}{12}$

❾ $2\frac{3}{14}+3\frac{10}{14}$

❿ $1\frac{5}{11}+1\frac{3}{11}$

⓫ $\frac{7}{15}+3\frac{5}{15}$

⓬ $4\frac{6}{21}+2\frac{14}{21}$

⓭ $4\frac{4}{24}+3\frac{9}{24}$

⓮ $1\frac{6}{8}+2\frac{1}{8}$

⓯ $2\frac{5}{9}+4\frac{3}{9}$

⓰ $3\frac{8}{13}+\frac{3}{13}$

⓱ $5\frac{12}{17}+\frac{4}{17}$

⓲ $2\frac{11}{16}+3\frac{3}{16}$

⓳ $1\frac{4}{19}+3\frac{13}{19}$

⓴ $2\frac{9}{22}+3\frac{7}{22}$

㉑ $1\frac{12}{23}+1\frac{7}{23}$

2 DAY 대분수의 덧셈(2)

계산해 보세요.

❶ $4\frac{1}{3}+2\frac{1}{3}$

❷ $1\frac{3}{10}+2\frac{4}{10}$

❸ $6\frac{2}{7}+\frac{4}{7}$

❹ $2\frac{4}{14}+3\frac{8}{14}$

❺ $2\frac{3}{12}+2\frac{5}{12}$

❻ $4\frac{11}{23}+1\frac{9}{23}$

❼ $1\frac{10}{15}+2\frac{4}{15}$

❽ $4\frac{13}{26}+\frac{8}{26}$

❾ $1\frac{3}{6}+2\frac{2}{6}$

❿ $3\frac{2}{5}+4\frac{2}{5}$

⓫ $1\frac{3}{8}+2\frac{4}{8}$

⓬ $2\frac{2}{19}+1\frac{6}{19}$

⓭ $3\frac{2}{18}+4\frac{11}{18}$

⓮ $3\frac{5}{20}+\frac{14}{20}$

⓯ $1\frac{11}{17}+4\frac{5}{17}$

⓰ $1\frac{8}{25}+2\frac{9}{25}$

⓱ $2\frac{1}{4}+5\frac{2}{4}$

⓲ $\frac{4}{9}+3\frac{3}{9}$

⓳ $2\frac{9}{13}+1\frac{2}{13}$

⓴ $1\frac{7}{22}+2\frac{8}{22}$

㉑ $2\frac{4}{11}+3\frac{6}{11}$

㉒ $3\frac{1}{16}+5\frac{11}{16}$

㉓ $4\frac{8}{21}+1\frac{6}{21}$

㉔ $2\frac{4}{24}+2\frac{9}{24}$

연산력 키우기 3 DAY

대분수의 덧셈(3)

분수끼리의 합이 가분수이면 대분수로 바꿔요.

계산해 보세요.

연산 Key

$$2\frac{3}{4}+1\frac{2}{4}=(2+1)+\left(\frac{3}{4}+\frac{2}{4}\right)$$

대분수로 바꾸기

$$=3+\frac{5}{4}=3+1\frac{1}{4}=4\frac{1}{4}$$

자연수끼리 더하기

❶ $3\frac{2}{3}+2\frac{2}{3}$

❷ $3\frac{3}{4}+1\frac{3}{4}$

❸ $1\frac{2}{5}+4\frac{4}{5}$

❹ $2\frac{4}{5}+1\frac{3}{5}$

❺ $1\frac{4}{6}+1\frac{3}{6}$

❻ $3\frac{2}{6}+5\frac{5}{6}$

❼ $1\frac{5}{7}+4\frac{3}{7}$

❽ $3\frac{6}{7}+2\frac{4}{7}$

❾ $2\frac{3}{8}+2\frac{6}{8}$

❿ $5\frac{5}{8}+\frac{7}{8}$

⓫ $\frac{8}{9}+3\frac{7}{9}$

⓬ $4\frac{5}{9}+2\frac{6}{9}$

⓭ $3\frac{7}{10}+4\frac{5}{10}$

⓮ $1\frac{5}{11}+2\frac{7}{11}$

⓯ $3\frac{9}{11}+4\frac{8}{11}$

⓰ $2\frac{4}{12}+3\frac{9}{12}$

⓱ $7\frac{5}{12}+\frac{9}{12}$

⓲ $1\frac{5}{13}+4\frac{11}{13}$

⓳ $2\frac{7}{13}+4\frac{8}{13}$

⓴ $3\frac{2}{14}+2\frac{13}{14}$

㉑ $5\frac{4}{15}+1\frac{13}{15}$

3 DAY

대분수의 덧셈(3)

계산해 보세요.

① $2\frac{2}{4}+6\frac{3}{4}$

② $3\frac{3}{7}+2\frac{5}{7}$

③ $2\frac{9}{11}+1\frac{6}{11}$

④ $2\frac{10}{16}+2\frac{9}{16}$

⑤ $2\frac{5}{20}+3\frac{19}{20}$

⑥ $\frac{7}{11}+3\frac{9}{11}$

⑦ $5\frac{8}{15}+2\frac{9}{15}$

⑧ $2\frac{16}{23}+1\frac{17}{23}$

⑨ $1\frac{2}{5}+3\frac{4}{5}$

⑩ $\frac{5}{9}+4\frac{6}{9}$

⑪ $1\frac{15}{19}+1\frac{7}{19}$

⑫ $4\frac{14}{18}+\frac{7}{18}$

⑬ $2\frac{5}{14}+3\frac{12}{14}$

⑭ $1\frac{14}{17}+3\frac{8}{17}$

⑮ $1\frac{18}{21}+1\frac{15}{21}$

⑯ $3\frac{8}{24}+\frac{17}{24}$

⑰ $1\frac{4}{6}+3\frac{3}{6}$

⑱ $6\frac{7}{8}+\frac{3}{8}$

⑲ $3\frac{5}{12}+1\frac{9}{12}$

⑳ $1\frac{4}{10}+1\frac{7}{10}$

㉑ $2\frac{13}{26}+1\frac{18}{26}$

㉒ $4\frac{8}{13}+2\frac{11}{13}$

㉓ $4\frac{14}{22}+3\frac{16}{22}$

㉔ $2\frac{12}{25}+1\frac{18}{25}$

연산력 키우기 4 DAY

대분수의 덧셈(4)

대분수를 가분수로 바꿔서 덧셈을 해요.

계산해 보세요.

연산 Key

대분수를 가분수로 바꾸기 / 가분수를 대분수로 바꾸기

$$1\frac{3}{4}+2\frac{2}{4}=\frac{7}{4}+\frac{10}{4}=\frac{17}{4}=4\frac{1}{4}$$

분자끼리 더하기

❶ $1\frac{3}{4}+2\frac{3}{4}$

❷ $1\frac{3}{5}+3\frac{4}{5}$

❸ $2\frac{4}{5}+1\frac{4}{5}$

❹ $1\frac{3}{6}+3\frac{5}{6}$

❺ $2\frac{3}{7}+1\frac{6}{7}$

❻ $3\frac{4}{7}+1\frac{5}{7}$

❼ $1\frac{7}{8}+2\frac{5}{8}$

❽ $3\frac{4}{8}+1\frac{6}{8}$

❾ $1\frac{4}{9}+4\frac{6}{9}$

❿ $2\frac{5}{9}+1\frac{8}{9}$

⓫ $2\frac{9}{10}+2\frac{5}{10}$

⓬ $1\frac{5}{11}+3\frac{8}{11}$

⓭ $2\frac{7}{11}+1\frac{9}{11}$

⓮ $1\frac{7}{12}+1\frac{9}{12}$

⓯ $1\frac{5}{12}+2\frac{8}{12}$

⓰ $1\frac{8}{13}+3\frac{10}{13}$

⓱ $2\frac{6}{13}+\frac{9}{13}$

⓲ $2\frac{7}{14}+1\frac{11}{14}$

⓳ $2\frac{7}{15}+1\frac{9}{15}$

⓴ $3\frac{9}{16}+\frac{12}{16}$

㉑ $4\frac{13}{17}+2\frac{9}{17}$

4 DAY 대분수의 덧셈(4)

계산해 보세요.

❶ $1\frac{4}{5}+2\frac{3}{5}$

❷ $3\frac{7}{9}+1\frac{6}{9}$

❸ $3\frac{7}{12}+1\frac{9}{12}$

❹ $1\frac{9}{15}+3\frac{7}{15}$

❺ $\frac{17}{18}+4\frac{4}{18}$

❻ $2\frac{4}{11}+\frac{8}{11}$

❼ $2\frac{7}{23}+\frac{19}{23}$

❽ $1\frac{18}{27}+1\frac{20}{27}$

❾ $2\frac{3}{4}+3\frac{2}{4}$

❿ $2\frac{5}{7}+\frac{6}{7}$

⓫ $2\frac{6}{10}+1\frac{9}{10}$

⓬ $1\frac{8}{13}+\frac{9}{13}$

⓭ $2\frac{15}{16}+2\frac{9}{16}$

⓮ $3\frac{16}{20}+\frac{9}{20}$

⓯ $1\frac{15}{22}+2\frac{16}{22}$

⓰ $1\frac{17}{25}+3\frac{15}{25}$

⓱ $1\frac{5}{6}+1\frac{2}{6}$

⓲ $1\frac{5}{8}+3\frac{4}{8}$

⓳ $2\frac{8}{14}+1\frac{11}{14}$

⓴ $1\frac{7}{17}+3\frac{14}{17}$

㉑ $1\frac{10}{19}+1\frac{15}{19}$

㉒ $1\frac{14}{21}+1\frac{8}{21}$

㉓ $5\frac{5}{24}+\frac{21}{24}$

㉔ $1\frac{19}{26}+3\frac{18}{26}$

연산력 키우기 5 DAY

대분수의 덧셈(5)

가분수를 대분수로 바꾸거나 대분수를 가분수로 바꾸어 더해요.

계산해 보세요.

연산 Key

가분수를 대분수로 바꾸기

$$1\frac{3}{6}+\frac{13}{6}=1\frac{3}{6}+2\frac{1}{6}$$
$$=(1+2)+\left(\frac{3}{6}+\frac{1}{6}\right)$$
$$=3+\frac{4}{6}=3\frac{4}{6}$$

❶ $3\frac{1}{4}+\frac{6}{4}$

❷ $\frac{12}{5}+1\frac{2}{5}$

❸ $1\frac{4}{6}+\frac{23}{6}$

❹ $\frac{16}{7}+1\frac{5}{7}$

❺ $3\frac{2}{8}+\frac{21}{8}$

❻ $4\frac{1}{9}+\frac{22}{9}$

❼ $\frac{22}{10}+3\frac{9}{10}$

❽ $1\frac{7}{11}+\frac{23}{11}$

❾ $\frac{29}{12}+1\frac{8}{12}$

❿ $2\frac{8}{13}+\frac{22}{13}$

⓫ $3\frac{11}{14}+\frac{16}{14}$

⓬ $\frac{23}{15}+1\frac{13}{15}$

⓭ $2\frac{8}{16}+\frac{25}{16}$

⓮ $\frac{41}{17}+1\frac{6}{17}$

⓯ $\frac{31}{18}+3\frac{8}{18}$

⓰ $2\frac{5}{19}+\frac{28}{19}$

⓱ $\frac{34}{20}+2\frac{13}{20}$

⓲ $5\frac{9}{21}+\frac{45}{21}$

⓳ $\frac{37}{22}+3\frac{9}{22}$

⓴ $2\frac{7}{23}+\frac{29}{23}$

㉑ $\frac{31}{24}+1\frac{13}{24}$

5 DAY 대분수의 덧셈(5)

 계산해 보세요.

❶ $\frac{5}{3}+4\frac{2}{3}$

❷ $3\frac{3}{4}+\frac{6}{4}$

❸ $2\frac{3}{7}+\frac{12}{7}$

❹ $\frac{51}{12}+2\frac{8}{12}$

❺ $1\frac{7}{9}+\frac{32}{9}$

❻ $1\frac{9}{16}+\frac{28}{16}$

❼ $\frac{74}{23}+4\frac{6}{23}$

❽ $\frac{29}{19}+3\frac{12}{19}$

❾ $2\frac{2}{6}+\frac{15}{6}$

❿ $\frac{17}{5}+4\frac{4}{5}$

⓫ $1\frac{5}{10}+\frac{44}{10}$

⓬ $\frac{45}{8}+1\frac{7}{8}$

⓭ $2\frac{4}{11}+\frac{20}{11}$

⓮ $\frac{28}{20}+2\frac{7}{20}$

⓯ $3\frac{8}{15}+\frac{41}{15}$

⓰ $\frac{28}{17}+2\frac{9}{17}$

⓱ $3\frac{1}{8}+\frac{12}{8}$

⓲ $\frac{33}{13}+3\frac{9}{13}$

⓳ $3\frac{5}{9}+\frac{25}{9}$

⓴ $\frac{37}{10}+2\frac{4}{10}$

㉑ $\frac{36}{14}+5\frac{11}{14}$

㉒ $3\frac{7}{22}+\frac{56}{22}$

㉓ $\frac{22}{18}+2\frac{13}{18}$

㉔ $3\frac{8}{21}+\frac{35}{21}$

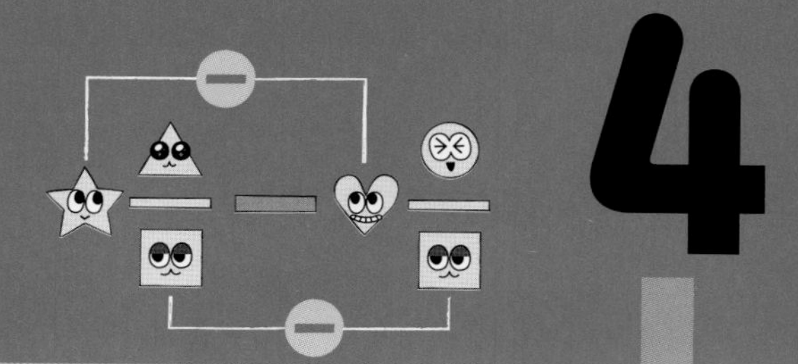

4

분수의 뺄셈(2)

학습목표 1. 분수끼리 뺄 수 있는 분모가 같은 대분수의 뺄셈 익히기

원리 깨치기

❶ 분수끼리 뺄 수 있는 분모가 같은 (대분수)−(대분수)의 계산
❷ 분수끼리 뺄 수 있는 분모가 같은 (대분수)−(가분수)의 계산

월 일

분수끼리 뺄 수 있는 분모가 같은 대분수의 뺄셈은 어떻게 계산해야 할까?
분수끼리 뺄 수 있는 분모가 같은 대분수의 뺄셈 계산 연습은 분수끼리 뺄 수 없는 분모가 같은 대분수의 뺄셈의 기초가 돼.
자! 그럼, 분수끼리 뺄 수 있는 분모가 같은 대분수의 뺄셈을 공부해 볼까?

연산력 키우기

DAY	맞은 개수 / 전체 문항
❶ DAY	
월 일	/ 21
걸린 시간 분 초	/ 24
❷ DAY	
월 일	/ 21
걸린 시간 분 초	/ 24
❸ DAY	
월 일	/ 21
걸린 시간 분 초	/ 24
❹ DAY	
월 일	/ 21
걸린 시간 분 초	/ 24
❺ DAY	
월 일	/ 17
걸린 시간 분 초	/ 21

원리 깨치기

❶ 분수끼리 뺄 수 있는 분모가 같은 (대분수)−(대분수)의 계산

$\left[3\frac{3}{5}-2\frac{1}{5}\text{의 계산}\right]$

방법 1 자연수는 자연수끼리, 분수는 분수끼리 뺍니다.

자연수끼리 빼기

$$3\frac{3}{5}-2\frac{1}{5}=(3-2)+\left(\frac{3}{5}-\frac{1}{5}\right)$$

분수끼리 빼기

$$=1+\frac{2}{5}=1\frac{2}{5}$$

방법 2 대분수를 가분수로 바꾸어 분자끼리 뺀 후 차가 가분수이면 대분수로 바꿉니다.

$$3\frac{3}{5}-2\frac{1}{5}=\frac{18}{5}-\frac{11}{5}=\frac{7}{5}=1\frac{2}{5}$$

대분수를 가분수로 바꾸기 가분수를 대분수로 바꾸기

연산 Key

$4\frac{5}{7}-1\frac{3}{7}$

$=(4-1)+\left(\frac{5}{7}-\frac{3}{7}\right)$

$=3+\frac{2}{7}=3\frac{2}{7}$

자연수끼리, 분수끼리 뺀 후 더해요.

❷ 분수끼리 뺄 수 있는 분모가 같은 (대분수)−(가분수)의 계산

$\left[3\frac{2}{3}-\frac{4}{3}\text{의 계산}\right]$

방법 1 가분수를 대분수로 바꾸어 계산합니다.

$$3\frac{2}{3}-\frac{4}{3}=3\frac{2}{3}-1\frac{1}{3}$$

가분수를 대분수로 바꾸기

$$=(3-1)+\left(\frac{2}{3}-\frac{1}{3}\right)$$

$$=2+\frac{1}{3}=2\frac{1}{3}$$

방법 2 대분수를 가분수로 바꾸어 계산합니다.

$$3\frac{2}{3}-\frac{4}{3}=\frac{11}{3}-\frac{4}{3}=\frac{7}{3}=2\frac{1}{3}$$

대분수를 가분수로 바꾸기 가분수를 대분수로 바꾸기

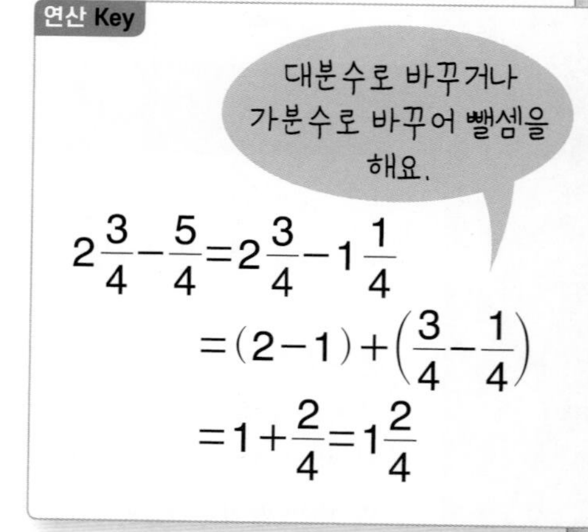

연산 Key
대분수로 바꾸거나 가분수로 바꾸어 뺄셈을 해요.

$2\frac{3}{4}-\frac{5}{4}=2\frac{3}{4}-1\frac{1}{4}$

$=(2-1)+\left(\frac{3}{4}-\frac{1}{4}\right)$

$=1+\frac{2}{4}=1\frac{2}{4}$

연산력 키우기 1 DAY

분수끼리 뺄 수 있는 대분수의 뺄셈(1)

대분수의 뺄셈은 자연수끼리, 분수끼리 빼요.

계산해 보세요.

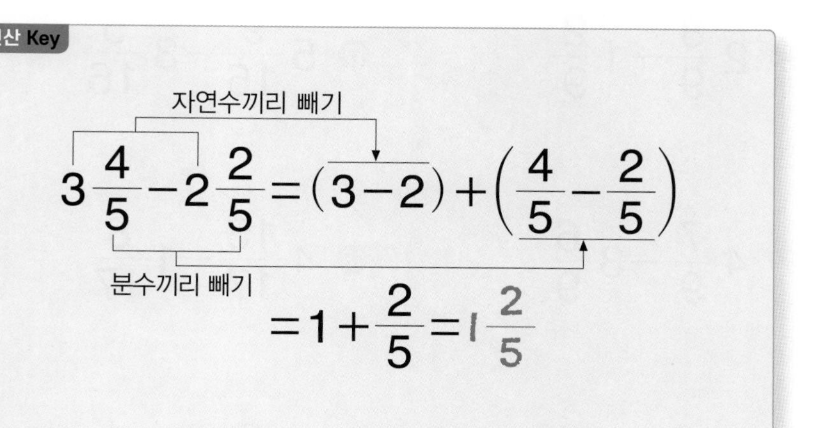

연산 Key
자연수끼리 빼기
$3\frac{4}{5}-2\frac{2}{5}=(3-2)+\left(\frac{4}{5}-\frac{2}{5}\right)$
분수끼리 빼기
$=1+\frac{2}{5}=1\frac{2}{5}$

❶ $2\frac{2}{3}-1\frac{1}{3}$

❷ $3\frac{3}{4}-1\frac{2}{4}$

❸ $4\frac{4}{5}-2\frac{1}{5}$

❹ $3\frac{5}{6}-2\frac{3}{6}$

❺ $2\frac{5}{7}-1\frac{2}{7}$

❻ $5\frac{4}{7}-3\frac{2}{7}$

❼ $6\frac{6}{8}-4\frac{3}{8}$

❽ $3\frac{7}{9}-2\frac{5}{9}$

❾ $6\frac{8}{9}-3\frac{3}{9}$

❿ $3\frac{7}{10}-1\frac{4}{10}$

⓫ $5\frac{9}{10}-2\frac{5}{10}$

⓬ $2\frac{7}{11}-1\frac{2}{11}$

⓭ $4\frac{10}{11}-3\frac{4}{11}$

⓮ $3\frac{9}{12}-1\frac{3}{12}$

⓯ $7\frac{10}{12}-4\frac{7}{12}$

⓰ $4\frac{10}{13}-1\frac{1}{13}$

⓱ $5\frac{11}{13}-3\frac{6}{13}$

⓲ $3\frac{12}{14}-2\frac{8}{14}$

⓳ $6\frac{12}{14}-2\frac{5}{14}$

⓴ $4\frac{8}{15}-2\frac{6}{15}$

㉑ $7\frac{13}{15}-3\frac{8}{15}$

1 DAY 분수끼리 뺄 수 있는 대분수의 뺄셈(1)

계산해 보세요.

❶ $5\frac{3}{4}-2\frac{1}{4}$

❷ $3\frac{3}{5}-2\frac{1}{5}$

❸ $4\frac{5}{6}-1\frac{2}{6}$

❹ $5\frac{4}{6}-2\frac{3}{6}$

❺ $3\frac{6}{7}-1\frac{4}{7}$

❻ $4\frac{5}{7}-2\frac{2}{7}$

❼ $2\frac{4}{8}-1\frac{1}{8}$

❽ $5\frac{7}{8}-3\frac{3}{8}$

❾ $2\frac{8}{9}-1\frac{2}{9}$

❿ $4\frac{7}{9}-3\frac{6}{9}$

⓫ $4\frac{8}{10}-2\frac{3}{10}$

⓬ $3\frac{9}{11}-1\frac{7}{11}$

⓭ $2\frac{11}{12}-1\frac{7}{12}$

⓮ $5\frac{12}{13}-2\frac{6}{13}$

⓯ $2\frac{13}{14}-1\frac{6}{14}$

⓰ $3\frac{10}{15}-2\frac{8}{15}$

⓱ $5\frac{9}{16}-3\frac{5}{16}$

⓲ $4\frac{13}{17}-1\frac{8}{17}$

⓳ $3\frac{9}{18}-1\frac{4}{18}$

⓴ $6\frac{14}{18}-3\frac{9}{18}$

㉑ $4\frac{15}{19}-2\frac{7}{19}$

㉒ $3\frac{17}{20}-1\frac{12}{20}$

㉓ $5\frac{8}{20}-2\frac{5}{20}$

㉔ $4\frac{17}{21}-3\frac{5}{21}$

연산력 키우기 **2** DAY

분수끼리 뺄 수 있는 대분수의 뺄셈(2)

분모가 같은 대분수의 뺄셈은 분모가 변하지 않아요.

 **계산해 보세요.**

연산 Key

자연수는 그대로

$4\frac{5}{6}-\frac{2}{6}=4+\left(\frac{5}{6}-\frac{2}{6}\right)$

분수끼리 빼기

$=4+\frac{3}{6}=4\frac{3}{6}$

❶ $2\frac{2}{4}-\frac{1}{4}$

❷ $5\frac{4}{5}-\frac{3}{5}$

❸ $2\frac{3}{6}-\frac{1}{6}$

❹ $3\frac{5}{7}-\frac{1}{7}$

❺ $4\frac{6}{8}-\frac{1}{8}$

❻ $3\frac{5}{9}-\frac{3}{9}$

❼ $5\frac{9}{10}-\frac{5}{10}$

❽ $4\frac{8}{11}-\frac{6}{11}$

❾ $5\frac{10}{12}-\frac{7}{12}$

❿ $3\frac{8}{13}-\frac{3}{13}$

⓫ $2\frac{12}{14}-\frac{9}{14}$

⓬ $6\frac{13}{15}-\frac{5}{15}$

⓭ $2\frac{11}{16}-\frac{7}{16}$

⓮ $5\frac{12}{17}-\frac{4}{17}$

⓯ $4\frac{11}{18}-\frac{4}{18}$

⓰ $1\frac{17}{19}-\frac{13}{19}$

⓱ $2\frac{13}{20}-\frac{6}{20}$

⓲ $4\frac{16}{21}-\frac{7}{21}$

⓳ $2\frac{21}{22}-\frac{17}{22}$

⓴ $3\frac{14}{23}-\frac{9}{23}$

㉑ $3\frac{21}{24}-\frac{15}{24}$

2 DAY 분수끼리 뺄 수 있는 대분수의 뺄셈(2)

계산해 보세요.

① $4\frac{2}{3}-\frac{1}{3}$

② $1\frac{9}{10}-\frac{2}{10}$

③ $6\frac{5}{7}-\frac{4}{7}$

④ $2\frac{10}{14}-\frac{7}{14}$

⑤ $3\frac{9}{12}-\frac{5}{12}$

⑥ $4\frac{11}{23}-\frac{8}{23}$

⑦ $2\frac{13}{15}-1\frac{4}{15}$

⑧ $5\frac{23}{26}-\frac{18}{26}$

⑨ $1\frac{4}{6}-\frac{1}{6}$

⑩ $3\frac{3}{5}-\frac{2}{5}$

⑪ $2\frac{7}{8}-\frac{4}{8}$

⑫ $4\frac{15}{19}-\frac{6}{19}$

⑬ $3\frac{15}{18}-\frac{7}{18}$

⑭ $6\frac{18}{20}-\frac{13}{20}$

⑮ $4\frac{11}{17}-\frac{5}{17}$

⑯ $2\frac{22}{25}-\frac{17}{25}$

⑰ $5\frac{3}{4}-\frac{1}{4}$

⑱ $3\frac{6}{9}-\frac{1}{9}$

⑲ $2\frac{9}{13}-\frac{3}{13}$

⑳ $4\frac{21}{22}-\frac{8}{22}$

㉑ $4\frac{7}{11}-\frac{3}{11}$

㉒ $2\frac{13}{16}-\frac{9}{16}$

㉓ $4\frac{20}{21}-\frac{16}{21}$

㉔ $5\frac{21}{24}-\frac{9}{24}$

연산력 키우기 3 DAY

분수끼리 뺄 수 있는 대분수의 뺄셈(3)

대분수를 가분수로 바꿔서 뺄셈을 해요.

계산해 보세요.

연산 Key

대분수를 가분수로 바꾸기

$$3\frac{4}{5}-1\frac{2}{5}=\frac{19}{5}-\frac{7}{5}=\frac{12}{5}=2\frac{2}{5}$$

가분수를 대분수로 바꾸기

❶ $4\frac{2}{3}-2\frac{1}{3}$

❷ $5\frac{3}{4}-2\frac{2}{4}$

❸ $3\frac{2}{5}-2\frac{1}{5}$

❹ $4\frac{3}{5}-2\frac{2}{5}$

❺ $2\frac{4}{6}-1\frac{3}{6}$

❻ $6\frac{4}{6}-3\frac{2}{6}$

❼ $3\frac{6}{7}-2\frac{4}{7}$

❽ $5\frac{5}{7}-2\frac{4}{7}$

❾ $2\frac{5}{8}-1\frac{2}{8}$

❿ $5\frac{7}{8}-1\frac{3}{8}$

⓫ $3\frac{8}{9}-2\frac{5}{9}$

⓬ $4\frac{5}{9}-1\frac{2}{9}$

⓭ $1\frac{7}{10}-\frac{2}{10}$

⓮ $2\frac{8}{10}-1\frac{6}{10}$

⓯ $3\frac{9}{11}-2\frac{2}{11}$

⓰ $5\frac{8}{11}-3\frac{2}{11}$

⓱ $2\frac{11}{12}-1\frac{7}{12}$

⓲ $3\frac{11}{12}-\frac{3}{12}$

⓳ $3\frac{10}{13}-2\frac{5}{13}$

⓴ $4\frac{9}{13}-1\frac{4}{13}$

㉑ $3\frac{12}{14}-2\frac{8}{14}$

3 DAY 분수끼리 뺄 수 있는 대분수의 뺄셈(3)

계산해 보세요.

❶ $6\frac{2}{4}-2\frac{1}{4}$

❷ $3\frac{6}{7}-2\frac{2}{7}$

❸ $2\frac{9}{11}-1\frac{7}{11}$

❹ $5\frac{10}{16}-2\frac{4}{16}$

❺ $3\frac{15}{20}-1\frac{7}{20}$

❻ $4\frac{7}{11}-1\frac{4}{11}$

❼ $5\frac{13}{15}-4\frac{9}{15}$

❽ $2\frac{16}{23}-1\frac{7}{23}$

❾ $3\frac{4}{5}-1\frac{3}{5}$

❿ $4\frac{7}{9}-3\frac{3}{9}$

⓫ $1\frac{15}{19}-1\frac{8}{19}$

⓬ $5\frac{14}{18}-3\frac{7}{18}$

⓭ $3\frac{13}{14}-1\frac{6}{14}$

⓮ $2\frac{14}{17}-1\frac{8}{17}$

⓯ $4\frac{18}{21}-1\frac{15}{21}$

⓰ $5\frac{21}{24}-2\frac{15}{24}$

⓱ $5\frac{5}{6}-3\frac{2}{6}$

⓲ $6\frac{5}{8}-2\frac{3}{8}$

⓳ $3\frac{11}{12}-1\frac{9}{12}$

⓴ $7\frac{8}{10}-3\frac{2}{10}$

㉑ $2\frac{21}{26}-1\frac{17}{26}$

㉒ $7\frac{8}{13}-2\frac{3}{13}$

㉓ $4\frac{14}{22}-3\frac{6}{22}$

㉔ $4\frac{14}{25}-1\frac{5}{25}$

연산력 키우기

분수끼리 뺄 수 있는 대분수의 뺄셈(4)

대분수를 가분수로 바꾸거나 가분수를 대분수로 바꿔서 뺄셈을 해요.

계산해 보세요.

연산 Key

방법 1 가분수를 대분수로 바꾸어 계산하기

$$2\frac{3}{4}-\frac{6}{4}=2\frac{3}{4}-1\frac{2}{4}$$
$$=1+\frac{1}{4}=1\frac{1}{4}$$

방법 2 대분수를 가분수로 바꾸어 계산하기

$$2\frac{3}{4}-\frac{6}{4}=\frac{11}{4}-\frac{6}{4}=\frac{5}{4}=1\frac{1}{4}$$

❶ $3\frac{2}{3}-\frac{4}{3}$

❷ $3\frac{2}{4}-\frac{5}{4}$

❸ $2\frac{3}{5}-\frac{7}{5}$

❹ $\frac{18}{5}-1\frac{2}{5}$

❺ $4\frac{3}{6}-\frac{13}{6}$

❻ $\frac{19}{7}-1\frac{2}{7}$

❼ $3\frac{6}{7}-\frac{12}{7}$

❽ $\frac{23}{8}-1\frac{5}{8}$

❾ $4\frac{4}{8}-\frac{17}{8}$

❿ $\frac{25}{9}-1\frac{3}{9}$

⓫ $3\frac{5}{9}-\frac{20}{9}$

⓬ $\frac{39}{10}-1\frac{7}{10}$

⓭ $4\frac{7}{10}-\frac{15}{10}$

⓮ $5\frac{9}{11}-\frac{30}{11}$

⓯ $\frac{43}{12}-1\frac{5}{12}$

⓰ $4\frac{9}{12}-\frac{32}{12}$

⓱ $\frac{35}{13}-2\frac{2}{13}$

⓲ $5\frac{11}{13}-\frac{40}{13}$

⓳ $2\frac{7}{14}-\frac{16}{14}$

⓴ $\frac{52}{15}-1\frac{5}{15}$

㉑ $3\frac{15}{16}-\frac{24}{16}$

4 DAY 분수끼리 뺄 수 있는 대분수의 뺄셈(4)

계산해 보세요.

① $3\frac{4}{5}-\frac{13}{5}$

② $\frac{34}{9}-1\frac{5}{9}$

③ $2\frac{9}{13}-\frac{19}{13}$

④ $\frac{50}{14}-2\frac{3}{14}$

⑤ $3\frac{17}{18}-\frac{22}{18}$

⑥ $\frac{31}{12}-1\frac{3}{12}$

⑦ $3\frac{7}{23}-\frac{28}{23}$

⑧ $\frac{71}{27}-1\frac{9}{27}$

⑨ $6\frac{3}{4}-\frac{14}{4}$

⑩ $\frac{19}{7}-2\frac{3}{7}$

⑪ $3\frac{6}{10}-\frac{13}{10}$

⑫ $2\frac{8}{11}-\frac{14}{11}$

⑬ $\frac{60}{16}-2\frac{9}{16}$

⑭ $3\frac{17}{20}-\frac{29}{20}$

⑮ $\frac{39}{22}-1\frac{12}{22}$

⑯ $4\frac{17}{25}-\frac{40}{25}$

⑰ $3\frac{5}{6}-\frac{8}{6}$

⑱ $\frac{21}{8}-1\frac{2}{8}$

⑲ $4\frac{12}{15}-\frac{22}{15}$

⑳ $\frac{58}{17}-2\frac{2}{17}$

㉑ $3\frac{11}{19}-\frac{28}{19}$

㉒ $\frac{119}{21}-3\frac{8}{21}$

㉓ $5\frac{15}{24}-\frac{51}{24}$

㉔ $\frac{97}{26}-1\frac{12}{26}$

연산력 키우기 5 DAY

분수끼리 뺄 수 있는 대분수의 뺄셈(5)

자연수끼리, 분수끼리 빼거나 대분수를 가분수로 바꾸어 계산해요.

두 수의 차를 구해 보세요.

연산 Key

$3\frac{4}{6}$ $1\frac{1}{6}$

$$3\frac{4}{6}-1\frac{1}{6}=(3-1)+\left(\frac{4}{6}-\frac{1}{6}\right)$$
$$=2+\frac{3}{6}=2\frac{3}{6}$$

자연수는 자연수끼리, 분수는 분수끼리 빼요.

⑪ $1\frac{5}{11}$ $3\frac{7}{11}$

⑫ $4\frac{11}{12}$ $3\frac{3}{12}$

① $6\frac{3}{4}$ $2\frac{2}{4}$

② $1\frac{1}{5}$ $4\frac{4}{5}$

③ $2\frac{3}{6}$ $5\frac{5}{6}$

④ $1\frac{2}{7}$ $3\frac{4}{7}$

⑤ $4\frac{6}{7}$ $2\frac{3}{7}$

⑥ $1\frac{3}{8}$ $4\frac{6}{8}$

⑦ $4\frac{7}{9}$ $3\frac{2}{9}$

⑧ $1\frac{1}{9}$ $5\frac{5}{9}$

⑨ $3\frac{9}{10}$ $2\frac{4}{10}$

⑩ $3\frac{5}{10}$ $7\frac{8}{10}$

⑬ $1\frac{7}{12}$ $5\frac{9}{12}$

⑭ $3\frac{11}{13}$ $1\frac{4}{13}$

⑮ $2\frac{6}{13}$ $4\frac{11}{13}$

⑯ $5\frac{9}{14}$ $3\frac{6}{14}$

⑰ $4\frac{13}{15}$ $1\frac{7}{15}$

5 DAY

분수끼리 뺄 수 있는 대분수의 뺄셈(5)

두 수의 차를 구해 보세요.

❶ $5\frac{3}{4}$ $\frac{13}{4}$

❷ $\frac{12}{5}$ $4\frac{4}{5}$

❸ $3\frac{4}{6}$ $\frac{7}{6}$

❹ $4\frac{5}{7}$ $\frac{16}{7}$

❺ $\frac{10}{7}$ $3\frac{4}{7}$

❻ $1\frac{2}{8}$ $\frac{27}{8}$

❼ $\frac{38}{8}$ $3\frac{3}{8}$

❽ $3\frac{8}{9}$ $\frac{24}{9}$

❾ $\frac{11}{9}$ $3\frac{7}{9}$

❿ $5\frac{7}{10}$ $\frac{41}{10}$

⓫ $\frac{36}{10}$ $1\frac{3}{10}$

⓬ $1\frac{2}{11}$ $\frac{30}{11}$

⓭ $\frac{17}{11}$ $4\frac{9}{11}$

⓮ $5\frac{11}{12}$ $\frac{25}{12}$

⓯ $\frac{65}{12}$ $3\frac{2}{12}$

⓰ $7\frac{11}{13}$ $\frac{44}{13}$

⓱ $\frac{29}{14}$ $3\frac{5}{14}$

⓲ $4\frac{11}{15}$ $\frac{23}{15}$

⓳ $\frac{25}{16}$ $2\frac{13}{16}$

⓴ $3\frac{13}{17}$ $\frac{35}{17}$

㉑ $\frac{31}{18}$ $4\frac{17}{18}$

5

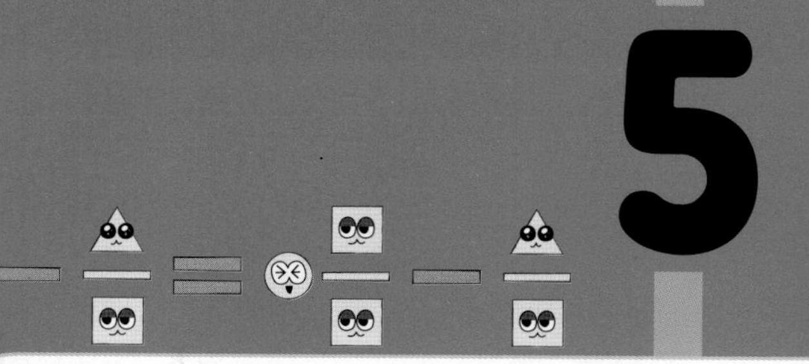

분수의 뺄셈(3)

학습목표 1. (자연수)−(분수)의 계산 익히기

원리 깨치기

❶ (자연수)−(진분수)의 계산
❷ (자연수)−(대분수)의 계산
❸ (자연수)−(가분수)의 계산

월 일

(자연수)−(분수)는 어떻게 계산해야 할까?
(자연수)−(분수)의 계산 연습은 분수끼리 뺄 수 없는 분모가 같은 대분수의 뺄셈의 기초가 돼.
자! 그럼, (자연수)−(분수)의 계산을 공부해 볼까?

연산력 키우기

DAY		맞은 개수 / 전체 문항
❶ DAY	월 일	/21
	걸린 시간 분 초	/24
❷ DAY	월 일	/21
	걸린 시간 분 초	/24
❸ DAY	월 일	/22
	걸린 시간 분 초	/24
❹ DAY	월 일	/22
	걸린 시간 분 초	/24
❺ DAY	월 일	/18
	걸린 시간 분 초	/21

원리 깨치기

❶ (자연수)−(진분수)의 계산

[$3-\frac{4}{5}$의 계산]

자연수에서 1만큼을 분수로 바꾼 후 분수끼리 뺍니다.

$$3-\frac{4}{5}=2\frac{5}{5}-\frac{4}{5}=2+\left(\frac{5}{5}-\frac{4}{5}\right)$$
$$=2+\frac{1}{5}=2\frac{1}{5}$$

연산 Key

$$4-\frac{4}{7}=3\frac{7}{7}-\frac{4}{7}$$
$$=3+\left(\frac{7}{7}-\frac{4}{7}\right)$$
$$=3\frac{3}{7}$$

자연수는 그대로 쓰고 분수끼리 빼요.

❷ (자연수)−(대분수)의 계산

[$4-1\frac{1}{3}$의 계산]

방법 1 자연수에서 1만큼을 분수로 바꾼 후 자연수끼리, 분수끼리 뺍니다.

$$4-1\frac{1}{3}=3\frac{3}{3}-1\frac{1}{3}=(3-1)+\left(\frac{3}{3}-\frac{1}{3}\right)$$
$$=2+\frac{2}{3}=2\frac{2}{3}$$

방법 2 자연수와 대분수를 가분수로 바꾸어 계산합니다.

$$4-1\frac{1}{3}=\frac{12}{3}-\frac{4}{3}=\frac{8}{3}=2\frac{2}{3}$$

연산 Key

$$7-2\frac{13}{26}=\frac{182}{26}-\frac{65}{26}$$
$$=\frac{117}{26}=4\frac{13}{26}$$

분모나 자연수가 너무 크면 가분수로 바꾸어 계산할 때 불편해요.

❸ (자연수)−(가분수)의 계산

[$3-\frac{9}{4}$의 계산]

방법 1 자연수를 가분수로 바꾸어 계산합니다.

$$3-\frac{9}{4}=\frac{12}{4}-\frac{9}{4}=\frac{3}{4}$$

방법 2 가분수를 대분수로 바꾸어 계산합니다.

$$3-\frac{9}{4}=3-2\frac{1}{4}=2\frac{4}{4}-2\frac{1}{4}=\frac{3}{4}$$

연산 Key

$$5-\frac{8}{3}=\frac{15}{3}-\frac{8}{3}$$
$$=\frac{7}{3}=2\frac{1}{3}$$

자연수만 가분수로 바꾸어 계산하는 게 더 간단해요.

연산력 키우기 1 DAY

(자연수)-(분수)(1)

자연수에서 1만큼을 분수로 고쳐서 계산해요.

계산해 보세요.

연산 Key

자연수에서 1만큼을 분수로 바꾸기

$3-\frac{3}{4}=2\frac{4}{4}-\frac{3}{4}$

$=2+\left(\frac{4}{4}-\frac{3}{4}\right)$ ← 자연수끼리, 분수끼리 계산하기

$=2+\frac{1}{4}=2\frac{1}{4}$

❶ $2-\frac{1}{3}$

❷ $4-\frac{2}{4}$

❸ $3-\frac{3}{5}$

❹ $6-\frac{2}{6}$

❺ $2-\frac{2}{7}$

❻ $5-\frac{4}{7}$

❼ $3-\frac{5}{8}$

❽ $6-\frac{4}{8}$

❾ $2-\frac{5}{9}$

❿ $5-\frac{3}{9}$

⓫ $3-\frac{4}{10}$

⓬ $4-\frac{7}{10}$

⓭ $3-\frac{8}{11}$

⓮ $7-\frac{5}{11}$

⓯ $5-\frac{7}{12}$

⓰ $7-\frac{9}{12}$

⓱ $4-\frac{4}{13}$

⓲ $5-\frac{11}{13}$

⓳ $3-\frac{9}{14}$

⓴ $6-\frac{5}{14}$

㉑ $4-\frac{6}{15}$

1 DAY

(자연수)-(분수)(1)

계산해 보세요.

❶ $5-\frac{1}{4}$

❷ $2-\frac{4}{5}$

❸ $4-\frac{1}{6}$

❹ $5-\frac{3}{6}$

❺ $2-\frac{4}{7}$

❻ $4-\frac{5}{7}$

❼ $3-\frac{1}{8}$

❽ $5-\frac{3}{8}$

❾ $3-\frac{2}{9}$

❿ $4-\frac{6}{9}$

⓫ $2-\frac{3}{10}$

⓬ $3-\frac{7}{11}$

⓭ $5-\frac{8}{12}$

⓮ $4-\frac{9}{13}$

⓯ $6-\frac{6}{14}$

⓰ $3-\frac{11}{15}$

⓱ $2-\frac{5}{16}$

⓲ $2-\frac{11}{17}$

⓳ $4-\frac{8}{17}$

⓴ $3-\frac{13}{18}$

㉑ $6-\frac{7}{19}$

㉒ $3-\frac{12}{20}$

㉓ $5-\frac{7}{20}$

㉔ $4-\frac{15}{21}$

연산력 키우기 2 DAY

(자연수)-(분수)(2)

자연수에서 1만큼을 분수로 바꾼 후 자연수끼리, 분수끼리 빼요.

 계산해 보세요.

연산 Key

$$4-1\frac{2}{6}=3\frac{6}{6}-1\frac{2}{6}$$
$$=(3-1)+\left(\frac{6}{6}-\frac{2}{6}\right)$$
$$=2+\frac{4}{6}=2\frac{4}{6}$$

자연수에서 1만큼을 분수로 바꾼 후 자연수끼리, 분수끼리 빼요.

❶ $3-1\frac{1}{4}$

❷ $5-2\frac{3}{5}$

❸ $3-1\frac{1}{6}$

❹ $4-2\frac{3}{7}$

❺ $2-1\frac{4}{8}$

❻ $3-1\frac{5}{9}$

❼ $5-3\frac{5}{10}$

❽ $4-2\frac{6}{11}$

❾ $6-3\frac{7}{12}$

❿ $3-1\frac{8}{13}$

⓫ $2-1\frac{11}{14}$

⓬ $6-4\frac{7}{15}$

⓭ $4-1\frac{9}{16}$

⓮ $5-3\frac{4}{17}$

⓯ $4-2\frac{3}{18}$

⓰ $7-4\frac{13}{19}$

⓱ $2-1\frac{7}{20}$

⓲ $4-2\frac{8}{21}$

⓳ $6-3\frac{17}{22}$

⓴ $3-1\frac{19}{23}$

㉑ $5-2\frac{15}{24}$

2 DAY (자연수)-(분수)(2)

 계산해 보세요.

❶ $4-1\frac{1}{3}$

❷ $3-1\frac{7}{8}$

❸ $5-2\frac{3}{10}$

❹ $3-1\frac{8}{14}$

❺ $4-2\frac{6}{19}$

❻ $8-5\frac{5}{17}$

❼ $3-1\frac{7}{16}$

❽ $5-3\frac{9}{24}$

❾ $6-3\frac{3}{4}$

❿ $2-1\frac{5}{6}$

⓫ $5-2\frac{4}{7}$

⓬ $4-1\frac{8}{12}$

⓭ $3-1\frac{9}{18}$

⓮ $6-3\frac{17}{20}$

⓯ $7-3\frac{8}{23}$

⓰ $2-1\frac{18}{25}$

⓱ $3-1\frac{2}{5}$

⓲ $4-2\frac{2}{9}$

⓳ $3-2\frac{7}{11}$

⓴ $6-2\frac{4}{13}$

㉑ $7-4\frac{9}{22}$

㉒ $6-4\frac{9}{15}$

㉓ $8-4\frac{17}{21}$

㉔ $5-1\frac{17}{26}$

연산력 키우기 3 DAY

(자연수)-(분수)(3)

대분수를 가분수로 바꿔서 뺄셈을 해요.

계산해 보세요.

연산 Key

$3-1\frac{1}{5}=\frac{15}{5}-\frac{6}{5}$

자연수와 대분수를 가분수로 바꾸기

$=\frac{9}{5}=1\frac{4}{5}$

가분수를 대분수로 바꾸기

❶ $4-2\frac{2}{3}$

❷ $5-2\frac{1}{4}$

❸ $4-1\frac{3}{5}$

❹ $6-2\frac{4}{5}$

❺ $3-2\frac{4}{6}$

❻ $5-1\frac{3}{6}$

❼ $3-2\frac{5}{7}$

❽ $7-2\frac{4}{7}$

❾ $2-1\frac{2}{8}$

❿ $5-3\frac{5}{8}$

⓫ $4-2\frac{5}{9}$

⓬ $8-2\frac{7}{9}$

⓭ $3-1\frac{7}{10}$

⓮ $6-4\frac{9}{10}$

⓯ $4-2\frac{3}{11}$

⓰ $7-3\frac{8}{11}$

⓱ $2-1\frac{3}{12}$

⓲ $5-1\frac{5}{12}$

⓳ $3-2\frac{5}{13}$

⓴ $6-1\frac{6}{13}$

㉑ $5-4\frac{9}{14}$

㉒ $8-3\frac{12}{15}$

3 DAY (자연수)-(분수)(3)

계산해 보세요.

❶ $6-2\frac{2}{4}$

❷ $3-2\frac{6}{7}$

❸ $6-3\frac{4}{9}$

❹ $5-3\frac{7}{16}$

❺ $4-3\frac{3}{10}$

❻ $5-2\frac{14}{15}$

❼ $6-2\frac{8}{17}$

❽ $4-3\frac{7}{22}$

❾ $3-1\frac{3}{5}$

❿ $6-3\frac{3}{8}$

⓫ $4-1\frac{8}{11}$

⓬ $5-2\frac{11}{18}$

⓭ $3-1\frac{5}{14}$

⓮ $4-2\frac{4}{11}$

⓯ $2-1\frac{18}{26}$

⓰ $5-3\frac{16}{24}$

⓱ $4-3\frac{1}{6}$

⓲ $5-1\frac{9}{12}$

⓳ $4-3\frac{7}{19}$

⓴ $3-1\frac{9}{20}$

㉑ $2-1\frac{9}{23}$

㉒ $7-3\frac{10}{13}$

㉓ $4-1\frac{15}{21}$

㉔ $5-1\frac{14}{25}$

연산력 키우기 4 DAY

(자연수)-(분수)(4)

자연수를 가분수로 바꿔서 계산해요.

계산해 보세요.

연산 Key

$$4-\frac{7}{4}=\frac{16}{4}-\frac{7}{4}=\frac{9}{4}=2\frac{1}{4}$$

자연수를 가분수로 바꾸어 분자끼리 뺄셈을 해요.

❶ $3-\frac{7}{3}$

❷ $5-\frac{9}{4}$

❸ $2-\frac{6}{5}$

❹ $4-\frac{9}{5}$

❺ $3-\frac{13}{6}$

❻ $2-\frac{9}{7}$

❼ $5-\frac{12}{7}$

❽ $3-\frac{13}{8}$

❾ $4-\frac{19}{8}$

❿ $2-\frac{13}{9}$

⓫ $5-\frac{22}{9}$

⓬ $4-\frac{21}{10}$

⓭ $6-\frac{19}{10}$

⓮ $3-\frac{17}{11}$

⓯ $6-\frac{34}{11}$

⓰ $4-\frac{17}{12}$

⓱ $5-\frac{33}{12}$

⓲ $2-\frac{15}{13}$

⓳ $4-\frac{25}{13}$

⓴ $2-\frac{17}{14}$

㉑ $3-\frac{19}{15}$

㉒ $4-\frac{25}{16}$

4 DAY (자연수)-(분수)(4)

계산해 보세요.

❶ $3-\frac{13}{5}$

❷ $4-\frac{15}{9}$

❸ $2-\frac{18}{13}$

❹ $4-\frac{29}{14}$

❺ $3-\frac{23}{18}$

❻ $5-\frac{27}{12}$

❼ $2-\frac{27}{23}$

❽ $3-\frac{34}{27}$

❾ $6-\frac{17}{4}$

❿ $5-\frac{15}{7}$

⓫ $4-\frac{13}{10}$

⓬ $3-\frac{23}{11}$

⓭ $4-\frac{35}{16}$

⓮ $5-\frac{43}{20}$

⓯ $3-\frac{35}{22}$

⓰ $4-\frac{47}{25}$

⓱ $7-\frac{11}{6}$

⓲ $5-\frac{14}{8}$

⓳ $4-\frac{23}{15}$

⓴ $5-\frac{39}{17}$

㉑ $3-\frac{24}{19}$

㉒ $4-\frac{44}{21}$

㉓ $5-\frac{55}{24}$

㉔ $2-\frac{31}{26}$

연산력 키우기 5 DAY

(자연수)-(분수)(5)

자연수에서 1만큼을 분수로 바꿔서 뺄셈을 해요.

두 수의 차를 구해 보세요.

연산 Key

3 | $1\frac{2}{6}$

$$3-1\frac{2}{6}=2\frac{6}{6}-1\frac{2}{6}=(2-1)+\left(\frac{6}{6}-\frac{2}{6}\right)$$
$$=1+\frac{4}{6}=1\frac{4}{6}$$

자연수에서 1만큼을 분수로 바꾸어 자연수는 자연수끼리, 분수는 분수끼리 빼요.

⓫ $3\frac{4}{10}$ | 8

⓬ $\frac{5}{11}$ | 3

⓭ 4 | $1\frac{5}{12}$

❶ 6 | $\frac{2}{4}$

❷ $1\frac{3}{5}$ | 4

❸ 5 | $1\frac{1}{6}$

❹ $1\frac{3}{7}$ | 6

❺ $\frac{6}{7}$ | 3

❻ 7 | $2\frac{3}{8}$

❼ $1\frac{2}{8}$ | 4

❽ 5 | $\frac{8}{9}$

❾ $1\frac{3}{9}$ | 6

❿ 6 | $2\frac{7}{10}$

⓮ $2\frac{7}{12}$ | 5

⓯ 3 | $1\frac{8}{13}$

⓰ $2\frac{7}{13}$ | 5

⓱ 4 | $1\frac{6}{14}$

⓲ $3\frac{11}{15}$ | 6

5 DAY (자연수)-(분수)(5)

두 수의 차를 구해 보세요.

❶ 7, $\frac{13}{4}$

❷ $\frac{14}{5}$, 4

❸ 3, $\frac{10}{6}$

❹ $\frac{30}{7}$, 8

❺ 4, $\frac{16}{7}$

❻ $\frac{10}{8}$, 5

❼ 3, $\frac{19}{8}$

❽ $\frac{23}{9}$, 4

❾ 8, $\frac{34}{9}$

❿ 4, $\frac{27}{10}$

⓫ $\frac{38}{10}$, 5

⓬ 6, $\frac{50}{11}$

⓭ $\frac{26}{11}$, 4

⓮ 5, $\frac{31}{12}$

⓯ $\frac{55}{12}$, 8

⓰ 7, $\frac{45}{13}$

⓱ $\frac{37}{14}$, 4

⓲ 3, $\frac{22}{15}$

⓳ $\frac{29}{16}$, 2

⓴ 4, $\frac{40}{17}$

㉑ $\frac{37}{18}$, 5

$☆\frac{△}{□} = (☆-1)\frac{(△+□)}{□}$

6

분수의 뺄셈(4)

학습목표 1. 분수끼리 뺄 수 없는 분모가 같은 (대분수)−(분수)의 계산 익히기

원리 깨치기

❶ 분수끼리 뺄 수 없는 분모가 같은 (대분수)−(대분수)의 계산
❷ 분수끼리 뺄 수 없는 분모가 같은 (대분수)−(가분수)의 계산

월 일

연산력 키우기

DAY	맞은 개수 / 전체 문항
❶ DAY	
월 일	/21
걸린 시간 분 초	/24
❷ DAY	
월 일	/22
걸린 시간 분 초	/24
❸ DAY	
월 일	/21
걸린 시간 분 초	/24
❹ DAY	
월 일	/22
걸린 시간 분 초	/24
❺ DAY	
월 일	/18
걸린 시간 분 초	/21

분수끼리 뺄 수 없는 분모가 같은 (대분수)-(분수)는 어떻게 계산해야 할까?
분수끼리 뺄 수 없는 분모가 같은 (대분수)-(분수)의 계산 연습은 분모가 다른 분수의 뺄셈의 기초가 돼.
자! 그럼, 분수끼리 뺄 수 없는 분모가 같은 (대분수)-(분수)의 계산을 공부해 볼까?

원리 깨치기

❶ 분수끼리 뺄 수 없는 분모가 같은 (대분수)−(대분수)의 계산

$\left[3\frac{2}{5}-1\frac{4}{5}\right.$의 계산$\left.\right]$

방법 1 자연수에서 1만큼을 분수로 바꾸어 자연수끼리, 분수끼리 뺍니다.

$$3\frac{2}{5}-1\frac{4}{5}=2\frac{7}{5}-1\frac{4}{5}=(2-1)+\left(\frac{7}{5}-\frac{4}{5}\right)$$
$$=1+\frac{3}{5}=1\frac{3}{5}$$

방법 2 대분수를 가분수로 바꾸어 분자끼리 뺀 후 차가 가분수이면 대분수로 바꿉니다.

$$3\frac{2}{5}-1\frac{4}{5}=\frac{17}{5}-\frac{9}{5}=\frac{8}{5}=1\frac{3}{5}$$

연산 Key

$$4\frac{2}{7}-1\frac{5}{7}$$
$$=3\frac{9}{7}-1\frac{5}{7}$$
$$=(3-1)+\left(\frac{9}{7}-\frac{5}{7}\right)$$
$$=2\frac{4}{7}$$

자연수에서 1만큼을 분수로 바꾸어 진분수와 더해요.

❷ 분수끼리 뺄 수 없는 분모가 같은 (대분수)−(가분수)의 계산

$\left[4\frac{1}{6}-\frac{17}{6}\right.$의 계산$\left.\right]$

방법 1 가분수를 대분수로 바꾸어 계산합니다.

$$4\frac{1}{6}-\frac{17}{6}=4\frac{1}{6}-2\frac{5}{6}$$
$$=3\frac{7}{6}-2\frac{5}{6}$$
$$=(3-2)+\left(\frac{7}{6}-\frac{5}{6}\right)$$
$$=1+\frac{2}{6}=1\frac{2}{6}$$

방법 2 대분수를 가분수로 바꾸어 계산합니다.

$$4\frac{1}{6}-\frac{17}{6}=\frac{25}{6}-\frac{17}{6}=\frac{8}{6}=1\frac{2}{6}$$

연산 Key

$$3\frac{1}{4}-\frac{11}{4}=\frac{13}{4}-\frac{11}{4}=\frac{2}{4}$$

자연수와 분자가 작은 경우에는 가분수로 고치면 계산이 더 간단해져요.

연산력 키우기 1 DAY

분수끼리 뺄 수 없는 대분수의 뺄셈(1)

빼지는 수의 자연수에서 1만큼을 가분수로 바꾸어서 계산해요.

계산해 보세요.

연산 Key

$$4\frac{2}{5}-1\frac{4}{5}=3\frac{7}{5}-1\frac{4}{5}$$

빼지는 수의 자연수에서 1만큼을 가분수로 바꾸기

$$=(3-1)+\left(\frac{7}{5}-\frac{4}{5}\right)$$

$$=2+\frac{3}{5}=2\frac{3}{5}$$

❶ $3\frac{1}{3}-1\frac{2}{3}$

❷ $4\frac{1}{4}-2\frac{3}{4}$

❸ $3\frac{2}{5}-1\frac{3}{5}$

❹ $4\frac{3}{6}-1\frac{4}{6}$

❺ $6\frac{1}{6}-3\frac{5}{6}$

❻ $3\frac{4}{7}-2\frac{6}{7}$

❼ $5\frac{3}{7}-3\frac{5}{7}$

❽ $2\frac{1}{8}-1\frac{5}{8}$

❾ $4\frac{3}{8}-2\frac{7}{8}$

❿ $3\frac{2}{9}-1\frac{4}{9}$

⓫ $6\frac{3}{9}-4\frac{8}{9}$

⓬ $2\frac{3}{10}-1\frac{7}{10}$

⓭ $5\frac{7}{10}-2\frac{9}{10}$

⓮ $3\frac{4}{11}-1\frac{7}{11}$

⓯ $4\frac{6}{11}-3\frac{9}{11}$

⓰ $2\frac{5}{12}-1\frac{11}{12}$

⓱ $5\frac{7}{12}-3\frac{9}{12}$

⓲ $4\frac{6}{13}-1\frac{12}{13}$

⓳ $7\frac{7}{13}-4\frac{11}{13}$

⓴ $4\frac{6}{14}-2\frac{9}{14}$

㉑ $3\frac{7}{15}-2\frac{8}{15}$

1 DAY 분수끼리 뺄 수 없는 대분수의 뺄셈(1)

계산해 보세요.

❶ $3\frac{1}{9}-1\frac{2}{9}$

❷ $5\frac{3}{7}-2\frac{5}{7}$

❸ $5\frac{6}{10}-2\frac{8}{10}$

❹ $4\frac{3}{14}-1\frac{11}{14}$

❺ $4\frac{8}{19}-2\frac{12}{19}$

❻ $8\frac{5}{17}-5\frac{14}{17}$

❼ $3\frac{3}{16}-1\frac{9}{16}$

❽ $5\frac{8}{24}-3\frac{19}{24}$

❾ $6\frac{2}{4}-2\frac{3}{4}$

❿ $2\frac{2}{6}-1\frac{5}{6}$

⓫ $2\frac{3}{8}-1\frac{4}{8}$

⓬ $4\frac{5}{12}-1\frac{11}{12}$

⓭ $3\frac{7}{18}-1\frac{13}{18}$

⓮ $6\frac{13}{20}-4\frac{17}{20}$

⓯ $7\frac{12}{23}-3\frac{18}{23}$

⓰ $2\frac{8}{25}-1\frac{12}{25}$

⓱ $4\frac{1}{5}-1\frac{2}{5}$

⓲ $3\frac{4}{9}-2\frac{7}{9}$

⓳ $5\frac{5}{11}-4\frac{7}{11}$

⓴ $6\frac{3}{13}-2\frac{4}{13}$

㉑ $7\frac{9}{22}-4\frac{17}{22}$

㉒ $4\frac{6}{15}-3\frac{12}{15}$

㉓ $8\frac{13}{21}-4\frac{19}{21}$

㉔ $5\frac{8}{26}-1\frac{17}{26}$

연산력 키우기 2 DAY

분수끼리 뺄 수 없는 대분수의 뺄셈(2)

대분수를 가분수로 바꾼 후 분모는 그대로 두고 분자끼리 빼요.

계산해 보세요.

연산 Key

$3\frac{2}{6}-1\frac{5}{6}=\frac{20}{6}-\frac{11}{6}$

대분수를 가분수로 바꾸기

$=\frac{9}{6}=1\frac{3}{6}$

❶ $5\frac{1}{4}-3\frac{2}{4}$

❷ $6\frac{1}{5}-2\frac{3}{5}$

❸ $3\frac{2}{6}-2\frac{3}{6}$

❹ $4\frac{3}{7}-2\frac{6}{7}$

❺ $2\frac{3}{8}-1\frac{7}{8}$

❻ $3\frac{2}{9}-1\frac{7}{9}$

❼ $5\frac{3}{10}-3\frac{7}{10}$

❽ $4\frac{2}{11}-2\frac{9}{11}$

❾ $6\frac{5}{12}-3\frac{9}{12}$

❿ $3\frac{6}{13}-1\frac{9}{13}$

⓫ $2\frac{6}{14}-1\frac{11}{14}$

⓬ $6\frac{8}{15}-4\frac{13}{15}$

⓭ $4\frac{7}{16}-1\frac{15}{16}$

⓮ $5\frac{6}{17}-2\frac{14}{17}$

⓯ $4\frac{7}{18}-2\frac{15}{18}$

⓰ $7\frac{8}{19}-4\frac{12}{19}$

⓱ $2\frac{9}{20}-1\frac{17}{20}$

⓲ $3\frac{8}{21}-1\frac{16}{21}$

⓳ $4\frac{13}{22}-3\frac{19}{22}$

⓴ $2\frac{12}{23}-1\frac{19}{23}$

㉑ $2\frac{12}{24}-1\frac{17}{24}$

㉒ $4\frac{14}{25}-2\frac{24}{25}$

2 DAY 분수끼리 뺄 수 없는 대분수의 뺄셈(2)

계산해 보세요.

❶ $6\frac{1}{3}-2\frac{2}{3}$

❷ $7\frac{4}{9}-3\frac{7}{9}$

❸ $5\frac{4}{10}-2\frac{9}{10}$

❹ $3\frac{5}{14}-1\frac{12}{14}$

❺ $4\frac{7}{19}-2\frac{16}{19}$

❻ $2\frac{5}{17}-1\frac{9}{17}$

❼ $4\frac{6}{22}-2\frac{11}{22}$

❽ $5\frac{1}{24}-3\frac{5}{24}$

❾ $7\frac{1}{4}-4\frac{3}{4}$

❿ $5\frac{1}{6}-1\frac{4}{6}$

⓫ $5\frac{3}{7}-4\frac{6}{7}$

⓬ $5\frac{5}{12}-3\frac{8}{12}$

⓭ $3\frac{7}{16}-2\frac{13}{16}$

⓮ $6\frac{7}{20}-2\frac{16}{20}$

⓯ $4\frac{3}{21}-1\frac{17}{21}$

⓰ $5\frac{4}{25}-1\frac{14}{25}$

⓱ $8\frac{2}{5}-4\frac{4}{5}$

⓲ $4\frac{3}{8}-1\frac{5}{8}$

⓳ $3\frac{3}{11}-2\frac{6}{11}$

⓴ $4\frac{5}{13}-1\frac{8}{13}$

㉑ $3\frac{3}{18}-1\frac{7}{18}$

㉒ $6\frac{4}{15}-4\frac{13}{15}$

㉓ $2\frac{4}{23}-1\frac{6}{23}$

㉔ $2\frac{5}{26}-1\frac{12}{26}$

연산력 키우기 3 DAY

분수끼리 뺄 수 없는 대분수의 뺄셈(3)

가분수를 대분수로 바꿔서 뺄셈을 해요.

계산해 보세요.

연산 Key

가분수를 대분수 바꾸기

$$3\frac{2}{5}-\frac{8}{5}=3\frac{2}{5}-1\frac{3}{5}$$
$$=2\frac{7}{5}-1\frac{3}{5}$$
$$=(2-1)+\left(\frac{7}{5}-\frac{3}{5}\right)$$
$$=1+\frac{4}{5}=1\frac{4}{5}$$

⑬ $3\frac{2}{10}-\frac{17}{10}$

⑭ $6\frac{5}{10}-\frac{39}{10}$

⑮ $4\frac{4}{11}-\frac{30}{11}$

① $4\frac{1}{3}-\frac{8}{3}$

② $5\frac{1}{4}-\frac{11}{4}$

③ $3\frac{1}{5}-\frac{7}{5}$

④ $6\frac{2}{5}-\frac{13}{5}$

⑤ $2\frac{4}{6}-\frac{11}{6}$

⑥ $5\frac{1}{6}-\frac{15}{6}$

⑦ $3\frac{2}{7}-\frac{13}{7}$

⑧ $7\frac{1}{7}-\frac{19}{7}$

⑨ $2\frac{3}{8}-\frac{15}{8}$

⑩ $5\frac{5}{8}-\frac{23}{8}$

⑪ $4\frac{2}{9}-\frac{25}{9}$

⑫ $8\frac{4}{9}-\frac{34}{9}$

⑯ $7\frac{2}{11}-\frac{38}{11}$

⑰ $3\frac{3}{12}-\frac{19}{12}$

⑱ $5\frac{7}{12}-\frac{32}{12}$

⑲ $3\frac{7}{13}-\frac{22}{13}$

⑳ $6\frac{4}{13}-\frac{33}{13}$

㉑ $5\frac{3}{14}-\frac{37}{14}$

3 DAY 분수끼리 뺄 수 없는 대분수의 뺄셈(3)

계산해 보세요.

❶ $5\frac{2}{4}-\frac{15}{4}$

❷ $3\frac{2}{7}-\frac{20}{7}$

❸ $6\frac{4}{9}-\frac{32}{9}$

❹ $5\frac{3}{16}-\frac{39}{16}$

❺ $4\frac{7}{10}-\frac{29}{10}$

❻ $3\frac{5}{14}-\frac{25}{14}$

❼ $6\frac{4}{17}-\frac{42}{17}$

❽ $5\frac{14}{25}-\frac{47}{25}$

❾ $3\frac{2}{5}-\frac{8}{5}$

❿ $6\frac{4}{8}-\frac{39}{8}$

⓫ $4\frac{4}{11}-\frac{19}{11}$

⓬ $5\frac{7}{18}-\frac{47}{18}$

⓭ $3\frac{8}{15}-\frac{25}{15}$

⓮ $4\frac{3}{11}-\frac{28}{11}$

⓯ $4\frac{5}{22}-\frac{53}{22}$

⓰ $5\frac{9}{24}-\frac{61}{24}$

⓱ $4\frac{3}{6}-\frac{17}{6}$

⓲ $5\frac{4}{12}-\frac{20}{12}$

⓳ $3\frac{6}{19}-\frac{28}{19}$

⓴ $2\frac{7}{20}-\frac{33}{20}$

㉑ $3\frac{8}{23}-\frac{38}{23}$

㉒ $7\frac{5}{13}-\frac{47}{13}$

㉓ $4\frac{10}{21}-\frac{37}{21}$

㉔ $2\frac{5}{26}-\frac{41}{26}$

연산력 키우기 4 DAY

분수끼리 뺄 수 없는 대분수의 뺄셈(4)

대분수를 가분수로 바꿔서 뺄셈을 해요.

계산해 보세요.

연산 Key

$4\frac{1}{4}-\frac{11}{4}=\frac{17}{4}-\frac{11}{4}$

대분수를 가분수로 바꾸기

$=\frac{6}{4}=1\frac{2}{4}$

가분수를 대분수로 바꾸기

❶ $7\frac{1}{3}-\frac{14}{3}$

❷ $5\frac{1}{4}-\frac{10}{4}$

❸ $2\frac{2}{5}-\frac{9}{5}$

❹ $5\frac{3}{5}-\frac{14}{5}$

❺ $3\frac{1}{6}-\frac{15}{6}$

❻ $2\frac{4}{7}-\frac{13}{7}$

❼ $5\frac{2}{7}-\frac{17}{7}$

❽ $3\frac{3}{8}-\frac{14}{8}$

❾ $4\frac{1}{8}-\frac{19}{8}$

❿ $3\frac{4}{9}-\frac{16}{9}$

⓫ $5\frac{3}{9}-\frac{25}{9}$

⓬ $4\frac{1}{10}-\frac{29}{10}$

⓭ $6\frac{7}{10}-\frac{18}{10}$

⓮ $3\frac{2}{11}-\frac{17}{11}$

⓯ $6\frac{4}{11}-\frac{39}{11}$

⓰ $4\frac{5}{12}-\frac{31}{12}$

⓱ $5\frac{3}{12}-\frac{33}{12}$

⓲ $2\frac{4}{13}-\frac{19}{13}$

⓳ $4\frac{5}{13}-\frac{34}{13}$

⓴ $3\frac{5}{14}-\frac{21}{14}$

㉑ $5\frac{7}{15}-\frac{39}{15}$

㉒ $4\frac{3}{16}-\frac{25}{16}$

4 DAY

분수끼리 뺄 수 없는 대분수의 뺄셈(4)

 계산해 보세요.

❶ $3\frac{2}{5}-\frac{13}{5}$

❷ $4\frac{1}{9}-\frac{15}{9}$

❸ $2\frac{4}{13}-\frac{19}{13}$

❹ $4\frac{6}{14}-\frac{35}{14}$

❺ $3\frac{7}{18}-\frac{29}{18}$

❻ $5\frac{7}{12}-\frac{35}{12}$

❼ $2\frac{3}{23}-\frac{28}{23}$

❽ $2\frac{17}{26}-\frac{47}{26}$

❾ $6\frac{1}{4}-\frac{18}{4}$

❿ $5\frac{4}{7}-\frac{13}{7}$

⓫ $4\frac{4}{10}-\frac{17}{10}$

⓬ $3\frac{1}{11}-\frac{25}{11}$

⓭ $4\frac{9}{16}-\frac{43}{16}$

⓮ $5\frac{9}{20}-\frac{53}{20}$

⓯ $3\frac{5}{22}-\frac{35}{22}$

⓰ $4\frac{12}{25}-\frac{40}{25}$

⓱ $7\frac{2}{6}-\frac{17}{6}$

⓲ $5\frac{3}{8}-\frac{28}{8}$

⓳ $4\frac{4}{15}-\frac{24}{15}$

⓴ $5\frac{13}{17}-\frac{32}{17}$

㉑ $3\frac{11}{19}-\frac{35}{19}$

㉒ $4\frac{4}{21}-\frac{49}{21}$

㉓ $5\frac{7}{24}-\frac{58}{24}$

㉔ $3\frac{5}{27}-\frac{36}{27}$

연산력 키우기 5 DAY

분수끼리 뺄 수 없는 대분수의 뺄셈(5)

각자 편한 방법으로 계산해요.

두 수의 차를 구해 보세요.

연산 Key

$3\frac{2}{7}$ $1\frac{6}{7}$

$$3\frac{2}{7}-1\frac{6}{7}=2\frac{9}{7}-1\frac{6}{7}$$
$$=(2-1)+\left(\frac{9}{7}-\frac{6}{7}\right)$$
$$=1+\frac{3}{7}=1\frac{3}{7}$$

빼지는 자연수에서 1만큼을 분수로 바꾸어 자연수는 자연수끼리, 분수는 분수끼리 빼요.

❶ $6\frac{1}{4}$ $4\frac{3}{4}$

❷ $1\frac{4}{5}$ $5\frac{2}{5}$

❸ $7\frac{3}{6}$ $4\frac{5}{6}$

❹ $\frac{13}{7}$ $4\frac{2}{7}$

❺ $6\frac{3}{7}$ $3\frac{5}{7}$

❻ $5\frac{4}{8}$ $2\frac{7}{8}$

❼ $4\frac{2}{8}$ $\frac{20}{8}$

❽ $5\frac{4}{9}$ $3\frac{8}{9}$

❾ $\frac{23}{9}$ $6\frac{2}{9}$

❿ $3\frac{6}{10}$ $1\frac{9}{10}$

⓫ $2\frac{7}{10}$ $7\frac{3}{10}$

⓬ $4\frac{4}{11}$ $2\frac{8}{11}$

⓭ $\frac{17}{11}$ $3\frac{1}{11}$

⓮ $4\frac{7}{12}$ $1\frac{11}{12}$

⓯ $2\frac{5}{12}$ $5\frac{1}{12}$

⓰ $3\frac{6}{13}$ $\frac{21}{13}$

⓱ $4\frac{9}{14}$ $\frac{39}{14}$

⓲ $3\frac{10}{15}$ $6\frac{7}{15}$

5 DAY

분수끼리 뺄 수 없는 대분수의 뺄셈(5)

두 수의 차를 구해 보세요.

❶ $7\frac{1}{4}$ $\frac{23}{4}$

❷ $\frac{24}{9}$ $4\frac{4}{9}$

❸ $3\frac{2}{6}$ $1\frac{4}{6}$

❹ $2\frac{6}{7}$ $8\frac{3}{7}$

❺ $4\frac{1}{10}$ $2\frac{7}{10}$

❻ $3\frac{7}{8}$ $5\frac{3}{8}$

❼ $8\frac{1}{9}$ $5\frac{4}{9}$

❽ $2\frac{4}{5}$ $4\frac{2}{5}$

❾ $4\frac{2}{8}$ $\frac{19}{8}$

❿ $\frac{55}{12}$ $8\frac{5}{12}$

⓫ $\frac{36}{10}$ $5\frac{5}{10}$

⓬ $3\frac{6}{15}$ $\frac{23}{15}$

⓭ $2\frac{6}{11}$ $4\frac{3}{11}$

⓮ $3\frac{7}{18}$ $5\frac{3}{18}$

⓯ $4\frac{2}{7}$ $\frac{18}{7}$

⓰ $7\frac{6}{13}$ $4\frac{9}{13}$

⓱ $\frac{37}{14}$ $4\frac{3}{14}$

⓲ $1\frac{14}{16}$ $2\frac{7}{16}$

⓳ $6\frac{3}{11}$ $\frac{50}{11}$

⓴ $4\frac{8}{17}$ $1\frac{13}{17}$

㉑ $5\frac{7}{12}$ $\frac{32}{12}$

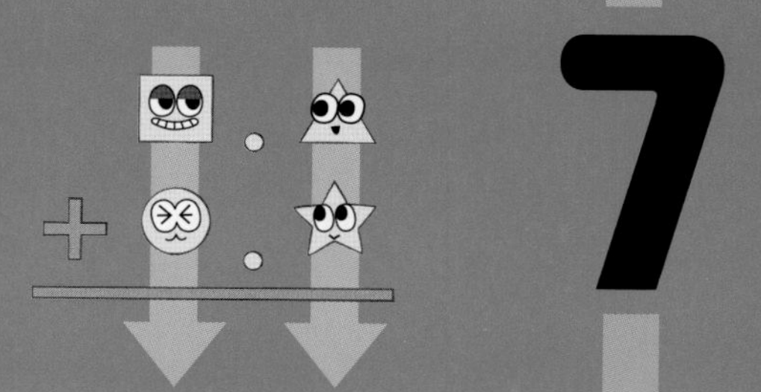

7

자릿수가 같은 소수의 덧셈

학습목표 1. 소수 한 자리 수의 덧셈 익히기
2. 소수 두 자리 수의 덧셈 익히기

원리 깨치기

❶ 소수 한 자리 수의 덧셈
❷ 소수 두 자리 수의 덧셈

월 일

이해! 한번 더!

연산력 키우기

DAY		맞은 개수 / 전체 문항
❶ DAY		
월	일	14
걸린 시간 분	초	12
❷ DAY		
월	일	14
걸린 시간 분	초	12
❸ DAY		
월	일	14
걸린 시간 분	초	12
❹ DAY		
월	일	14
걸린 시간 분	초	12
❺ DAY		
월	일	14
걸린 시간 분	초	24

자릿수가 같은 소수의 덧셈은 어떻게 계산해야 할까?
자릿수가 같은 소수의 덧셈은 자릿수가 다른 소수의 덧셈의 기초가 돼.
자! 그럼, 자릿수가 같은 소수의 덧셈을 공부해 볼까?

원리 깨치기

❶ 소수 한 자리 수의 덧셈

[0.6+0.2의 계산]

	0	. 6
+	0	. 2
	0	. 8

① 소수점끼리 맞추어 세로로 씁니다.
② 같은 자리 수끼리 더합니다.
③ 소수점을 그대로 내려 찍습니다.

[0.5+0.8의 계산]

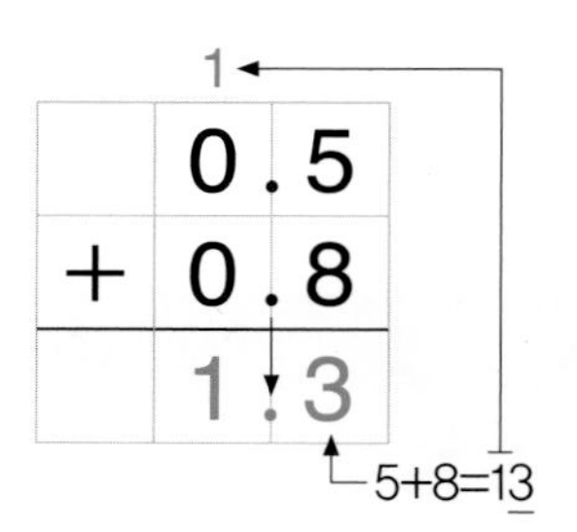

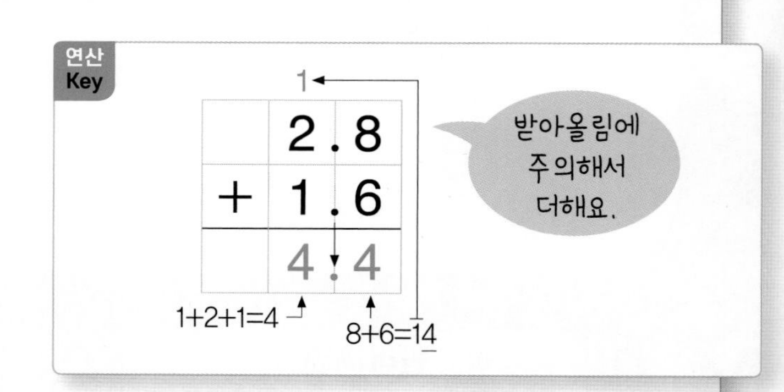

❷ 소수 두 자리 수의 덧셈

[0.25+0.34의 계산]

	0	. 2	5
+	0	. 3	4
	0	. 5	9

① 소수점끼리 맞추어 세로로 씁니다.
② 같은 자리 수끼리 더합니다.
③ 소수점을 그대로 내려 찍습니다.

[0.65+0.29의 계산]

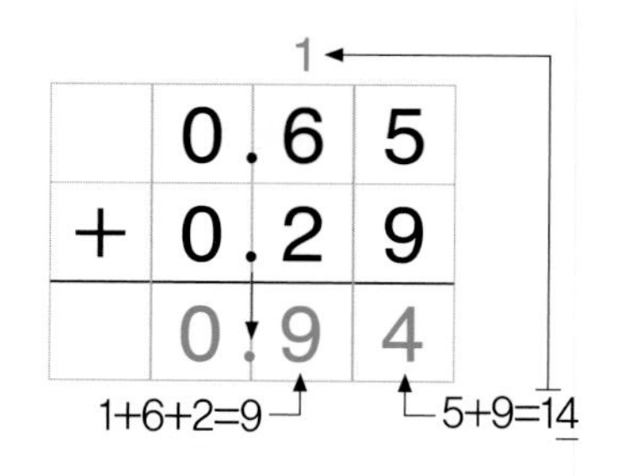

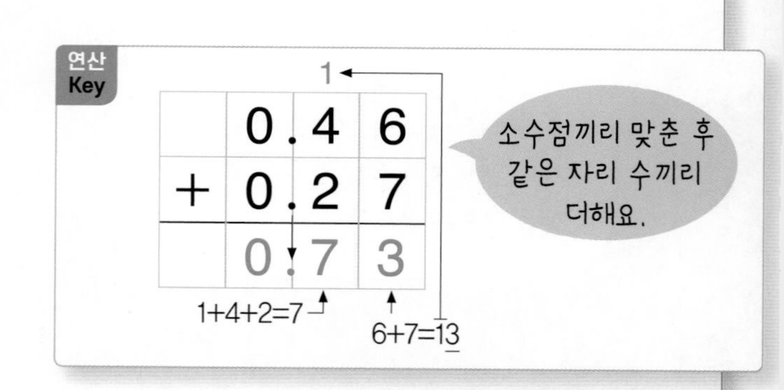

연산력 키우기 1 DAY 소수 한 자리 수의 덧셈(1)

소수점끼리 맞춘 후 같은 자리 수끼리 더해요.

계산해 보세요.

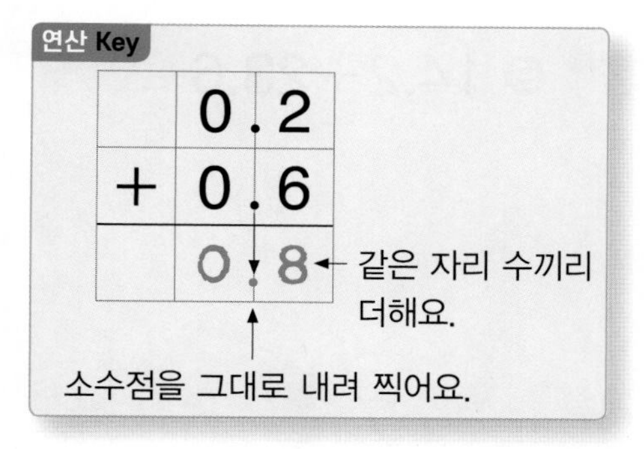

연산 Key
0.2
+ 0.6
0.8
같은 자리 수끼리 더해요.
소수점을 그대로 내려 찍어요.

❶ $0.3 + 0.4$

❷ $0.5 + 0.2$

❸ $0.6 + 0 3$

❹ $1.2 + 0.7$

❺ $2.3 + 0.5$

❻ $3.2 + 5.6$

❼ $4.3 + 2.5$

❽ $7.2 + 1.7$

❾ $12.5 + 3.2$

❿ $21.6 + 5.1$

⓫ $32.3 + 43.6$

⓬ $7.2 + 32.4$

⓭ $16.4 + 52.3$

⓮ $21.4 + 43.5$

1 DAY

소수 한 자리 수의 덧셈(1)

계산해 보세요.

❶ 0.4+0.5

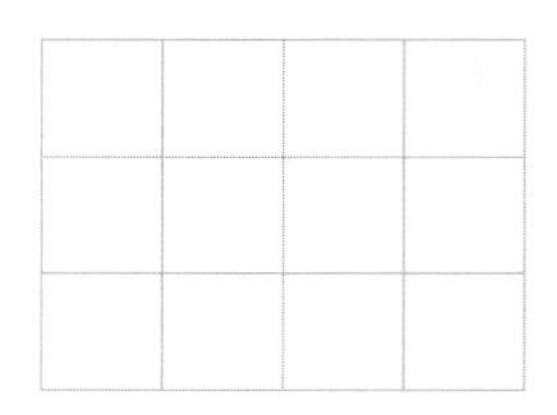

❷ 0.2+0.6

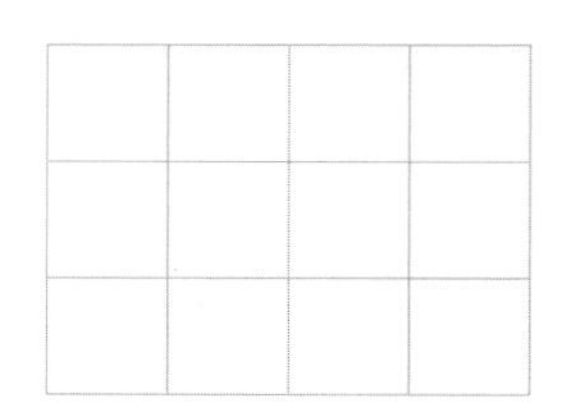

❸ 0.6+1.2

❹ 1.1+2.3

❺ 3.4+5.4

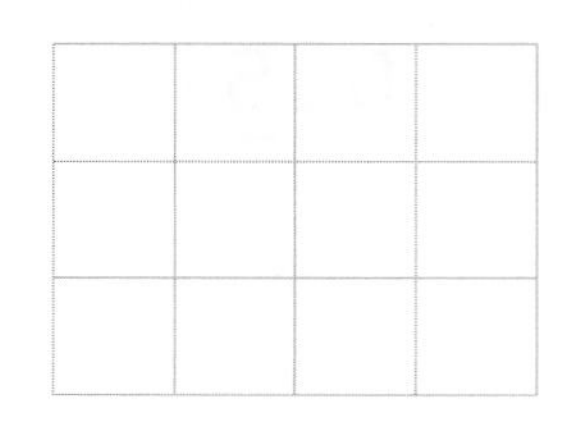

❻ 5.1+3.8

❼ 6.5+3.4

❽ 13.7+6.2

❾ 14.2+23.6

❿ 25.3+43.4

⓫ 36.5+21.2

⓬ 62.8+14.1

소수 한 자리 수의 덧셈(2)

받아올림에 주의해서 계산해요.

계산해 보세요.

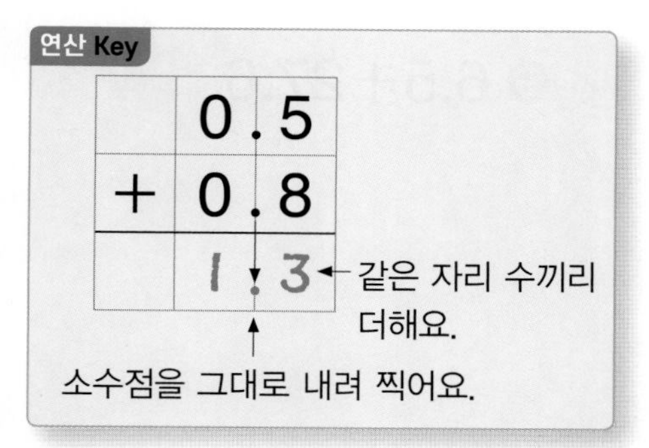

연산 Key
0.5
+ 0.8
1.3
같은 자리 수끼리 더해요.
소수점을 그대로 내려 찍어요.

❶

	0.	2
+	0.	9

❷

	0.	5
+	0.	6

❸

	0.	8
+	0.	3

❹

	0.	9
+	0.	7

❺

	1.	4
+	0.	8

❻

	4.	8
+	5.	6

❼

	6.	7
+	4.	5

❽

	8.	3
+	5.	8

❾

	9.	7
+	3.	6

❿

	1	2.	7
+		5.	9

⓫

	2	3.	8
+	4	3.	9

⓬

		7.	6
+	3	6.	5

⓭

	1	6.	4
+	5	4.	7

⓮

	2	1.	8
+	4	3.	5

2 DAY 소수 한 자리 수의 덧셈(2)

계산해 보세요.

❶ $0.4+0.7$

❺ $3.6+5.9$

❾ $6.5+27.6$

❷ $0.6+0.8$

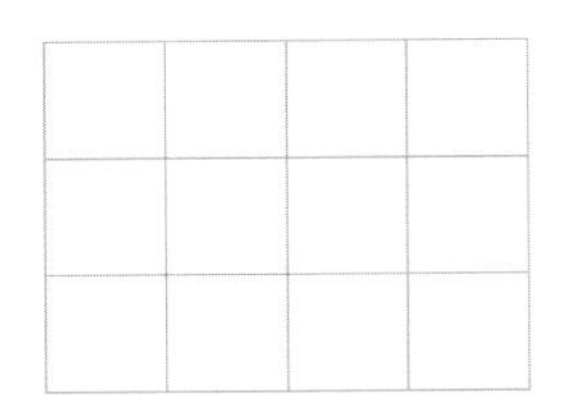

❻ $5.3+3.8$

❿ $28.7+45.8$

❸ $0.7+1.5$

❼ $6.6+4.6$

⓫ $36.5+25.7$

❹ $1.8+2.4$

❽ $13.7+6.5$

⓬ $62.8+17.9$

소수 두 자리 수의 덧셈(1)

소수점끼리 맞춘 후 같은 자리 수끼리 더해요.

계산해 보세요.

연산 Key

	0	.1	2
+	0	.3	6
	0	.4	8

같은 자리 수끼리 더해요.

소수점을 그대로 내려 찍어요.

❶ $0.26 + 0.43$

❷ $0.34 + 0.52$

❸ $0.47 + 0.31$

❹ $1.25 + 0.63$

❺ $2.35 + 1.53$

❻ $5.76 + 0.13$

❼ $7.21 + 2.78$

❽ $13.25 + 0.62$

❾ $20.56 + 3.41$

❿ $25.06 + 3.93$

⓫ $31.43 + 14.52$

⓬ $42.84 + 23.05$

⓭ $53.36 + 42.42$

⓮ $65.24 + 23.43$

3 DAY 소수 두 자리 수의 덧셈(1)

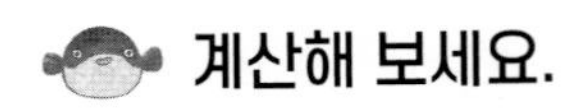
계산해 보세요.

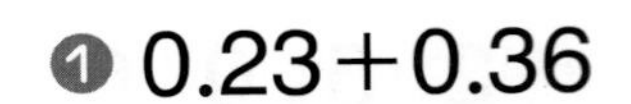
❶ 0.23+0.36

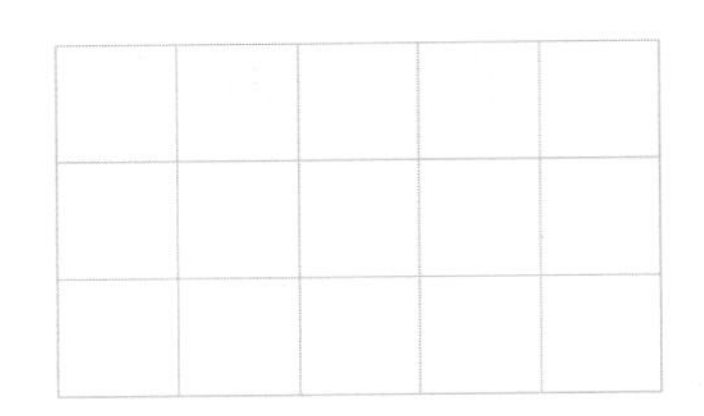

❷ 0.42+0.45

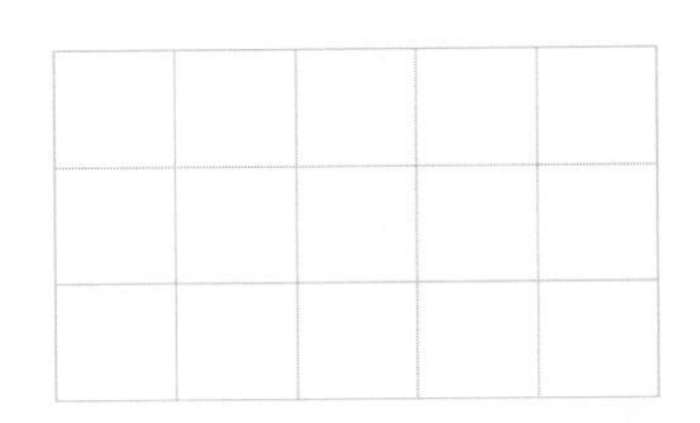

❸ 0.61+1.25

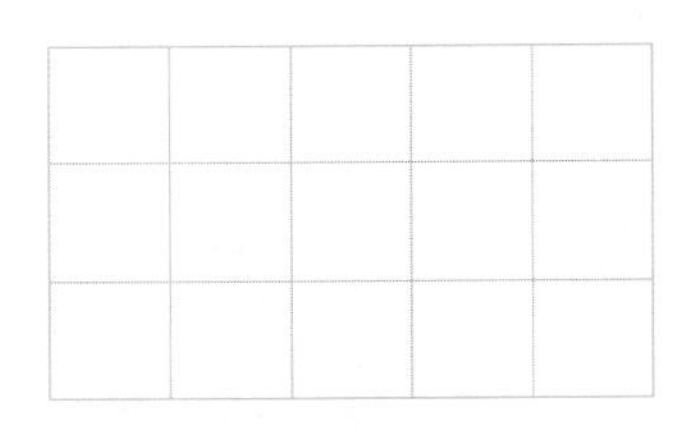

❹ 1.72+2.05

❺ 3.14+5.43

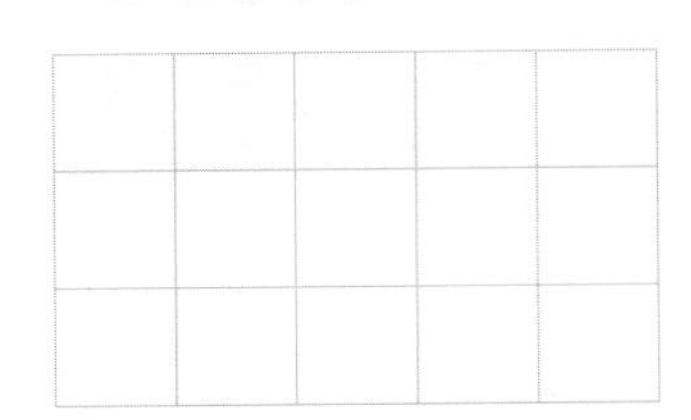

❻ 5.24+3.72

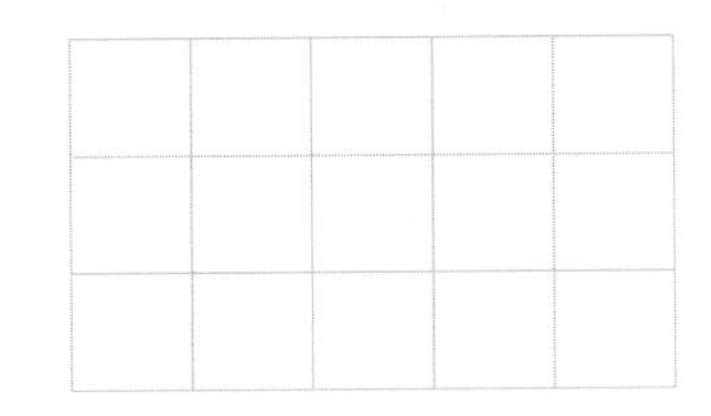

❼ 6.52+3.06

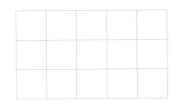

❽ 12.72+6.25

❾ 4.21+24.26

❿ 24.31+43.54

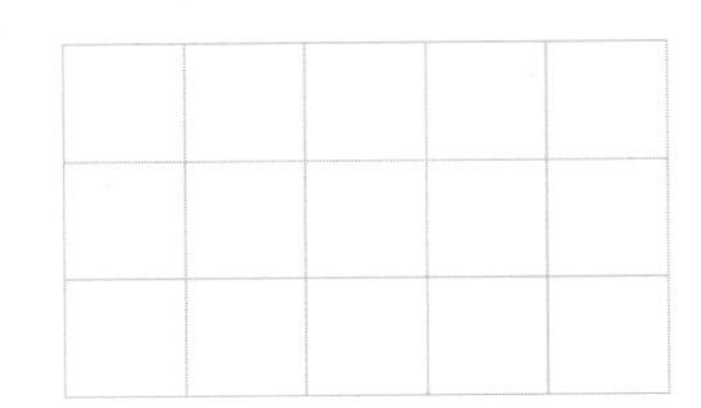

⓫ 36.35+21.12

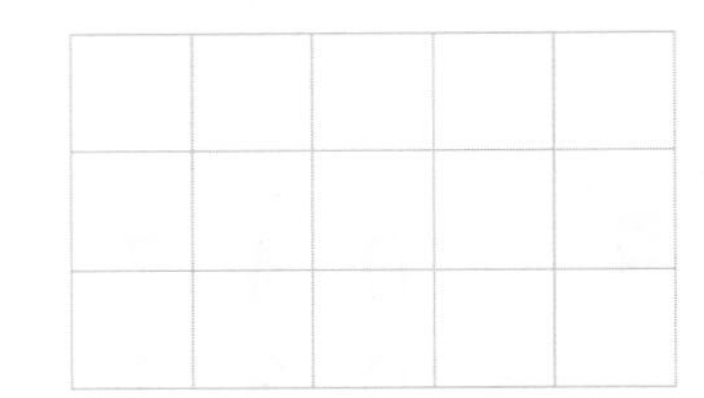

⓬ 63.53+14.16

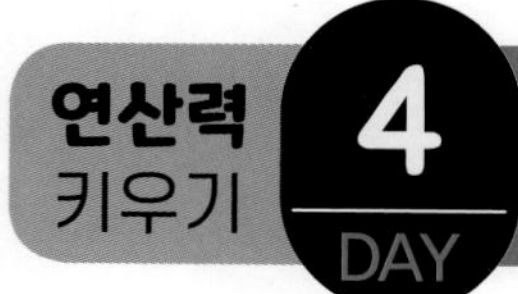

소수 두 자리 수의 덧셈(2)

받아올림에 주의해서 덧셈을 해요.

계산해 보세요.

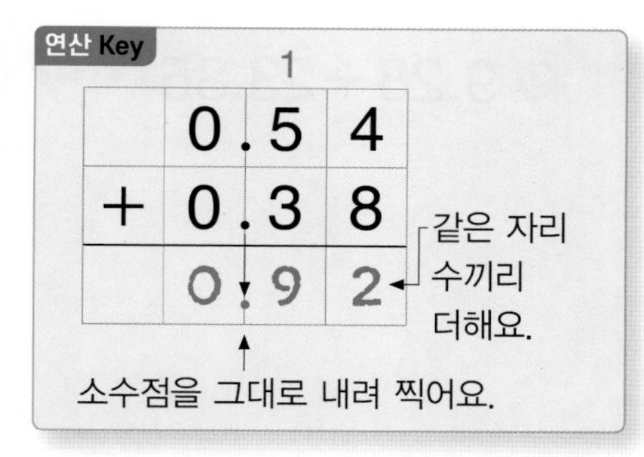

연산 Key
1
0.54
+ 0.38
0.92
같은 자리 수끼리 더해요.
소수점을 그대로 내려 찍어요.

❶ $0.27 + 0.54$

❷ $0.38 + 0.49$

❸ $0.65 + 0.48$

❹ $0.86 + 0.65$

❺ $2.67 + 1.53$

❻ $4.96 + 0.35$

❼ $6.36 + 2.89$

❽ $15.65 + 2.47$

❾ $25.97 + 3.44$

❿ $15.48 + 4.93$

⓫ $26.68 + 13.56$

⓬ $37.84 + 41.57$

⓭ $45.76 + 32.57$

⓮ $67.64 + 23.58$

4 DAY

소수 두 자리 수의 덧셈(2)

계산해 보세요.

❶ 0.25+0.48

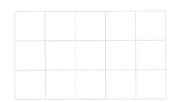

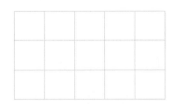

❷ 0.47+0.35

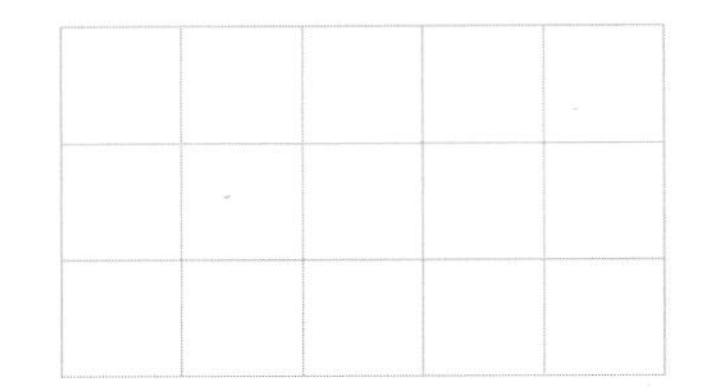

❸ 0.69+1.45

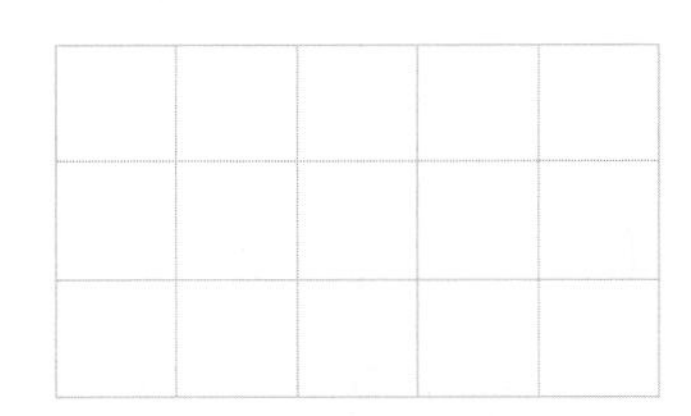

❹ 1.76+2.65

❺ 4.84+3.57

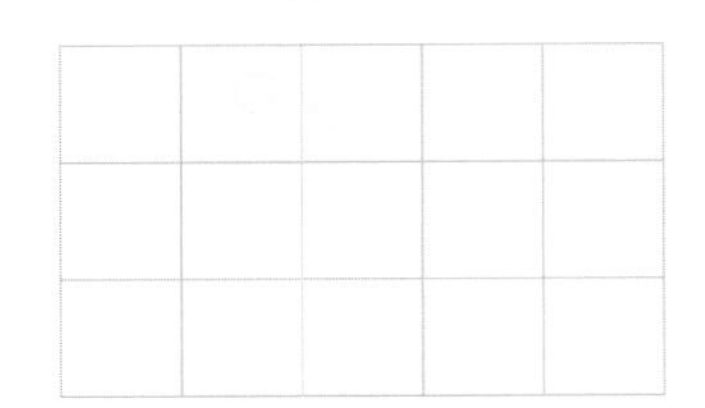

❻ 5.94+2.76

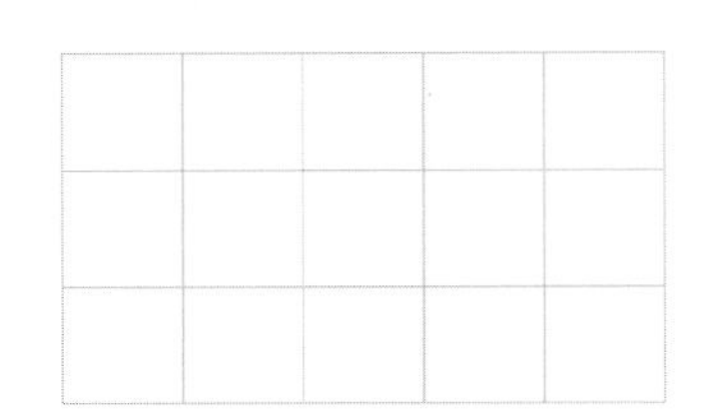

❼ 6.28+5.76

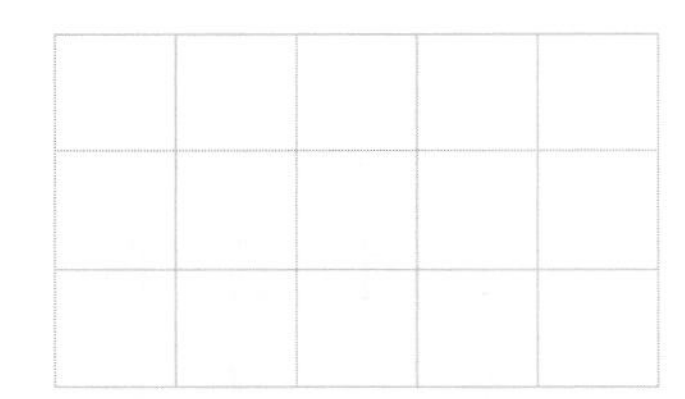

❽ 15.76+3.45

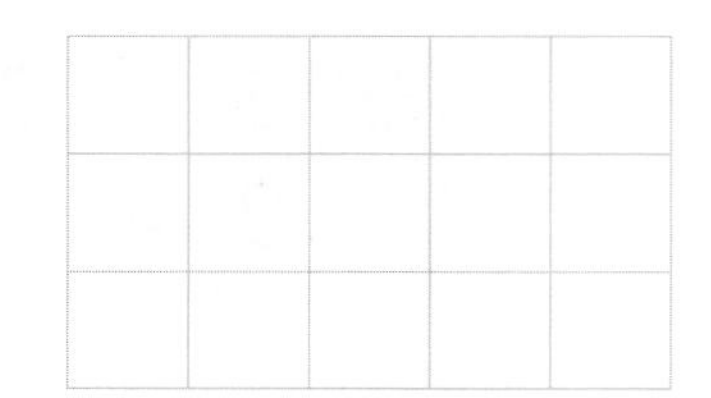

❾ 9.28+23.85

❿ 16.37+42.94

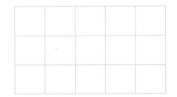

⓫ 43.35+24.86

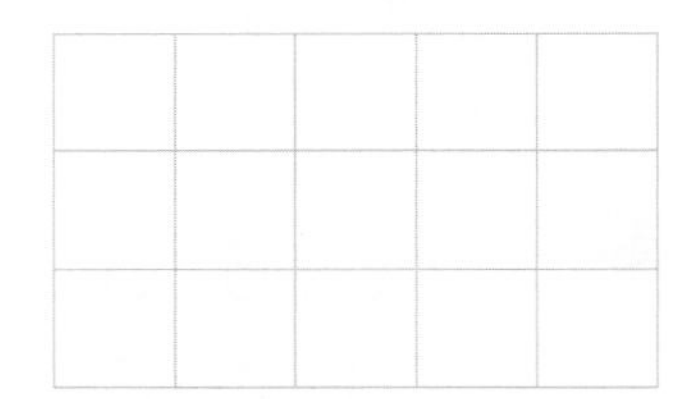

⓬ 51.58+16.47

자릿수가 같은 소수의 덧셈

소수점끼리 맞추어 소수 둘째 자리부터 계산해요.

계산해 보세요.

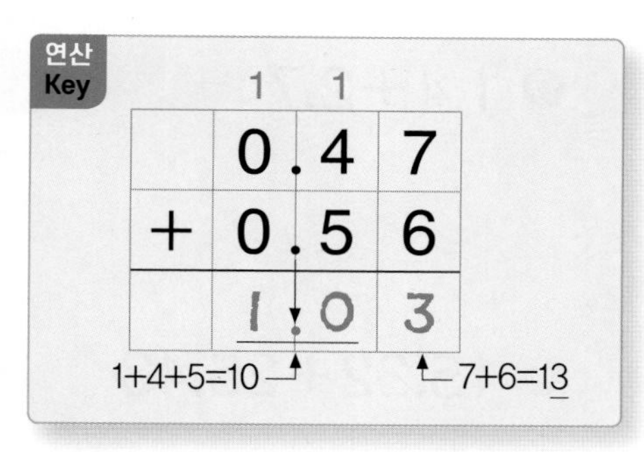

❶ $0.4 + 0.9$

❷ $1.5 + 3.6$

❸ $5.4 + 3.2$

❹ $23.7 + 4.8$

❺ $47.4 + 18.9$

❻ $0.53 + 0.26$

❼ $0.69 + 0.54$

❽ $2.75 + 0.57$

❾ $5.94 + 6.27$

❿ $6.29 + 8.36$

⓫ $14.62 + 48.74$

⓬ $7.68 + 51.35$

⓭ $25.94 + 42.37$

⓮ $43.85 + 37.46$

5 DAY 자릿수가 같은 소수의 덧셈

계산해 보세요.

❶ $0.5+0.4$

❷ $0.54+0.24$

❸ $9.27+0.86$

❹ $3.6+7.3$

❺ $5.8+6.9$

❻ $3.47+1.65$

❼ $1.26+3.43$

❽ $0.37+0.65$

❾ $0.7+0.9$

❿ $42.9+23.5$

⓫ $9.45+14.78$

⓬ $18.5+8.6$

⓭ $2.54+0.26$

⓮ $23.45+32.34$

⓯ $4.62+3.47$

⓰ $5.76+2.85$

⓱ $1.4+2.7$

⓲ $15.32+25.43$

⓳ $7.5+12.9$

⓴ $42.56+6.48$

㉑ $25.7+31.8$

㉒ $16.27+54.65$

㉓ $47.64+32.49$

㉔ $28.76+42.65$

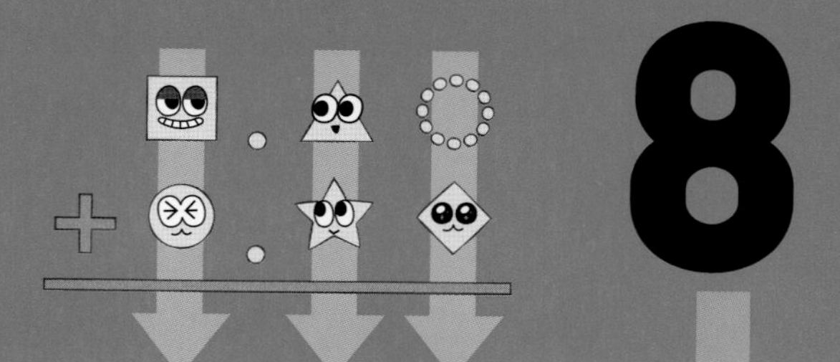

8

자릿수가 다른 소수의 덧셈

학습목표 1. 자릿수가 다른 소수의 덧셈 익히기

원리 깨치기

❶ 자릿수가 다른 소수의 덧셈
월 일
이해! 한번 더!

자릿수가 다른 소수의 덧셈은 어떻게 계산해야 할까?
자릿수가 다른 소수의 덧셈은 자릿수가 같은 소수의 덧셈과 같이 소수점끼리 맞추어 같은 자리 수끼리 계산해야 돼.
자! 그럼, 자릿수가 다른 소수의 덧셈을 공부해 볼까?

연산력 키우기

DAY	맞은 개수 / 전체 문항
❶ DAY	
월 일	14
걸린 시간 분 초	12
❷ DAY	
월 일	14
걸린 시간 분 초	12
❸ DAY	
월 일	14
걸린 시간 분 초	12
❹ DAY	
월 일	14
걸린 시간 분 초	12
❺ DAY	
월 일	14
걸린 시간 분 초	24

원리 깨치기

❶ 자릿수가 다른 소수의 덧셈

[3+1.2의 계산]

	3.	0
+	1.	2
	4.	2

① 3=3.0이므로 소수점끼리 맞추어 세로로 씁니다.
② 같은 자리 수끼리 더합니다.
③ 소수점을 그대로 내려 찍습니다.

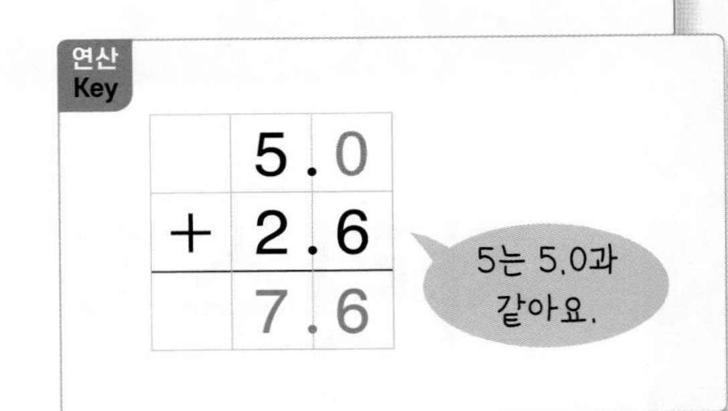

연산 Key
5.0
+ 2.6
7.6
5는 5.0과 같아요.

[0.4+0.35의 계산]

	0.	4	0
+	0.	3	5
	0.	7	5

① 0.4=0.40이므로 소수점끼리 맞추어 세로로 씁니다.
② 같은 자리 수끼리 더합니다.
③ 소수점을 그대로 내려 찍습니다.

연산 Key

	1		
	2.	7	5
+	1.	6	0
	4.	3	5

← 5+0=5

1+2+1=4 ↑ ↑ 7+6=13

소수의 오른쪽 끝자리 뒤에 0이 있다고 생각하여 자릿수를 같게 맞춰요.

[0.26+0.327의 계산]

	0.	2	6	0
+	0.	3	2	7
	0.	5	8	7

① 0.26=0.260이므로 소수점끼리 맞추어 세로로 씁니다.
② 같은 자리 수끼리 더합니다.
③ 소수점을 그대로 내려 찍습니다.

연산력 키우기 1 DAY

자릿수가 다른 소수의 덧셈(1)

소수점끼리 맞춘 후 같은 자리 수끼리 더해요.

계산해 보세요.

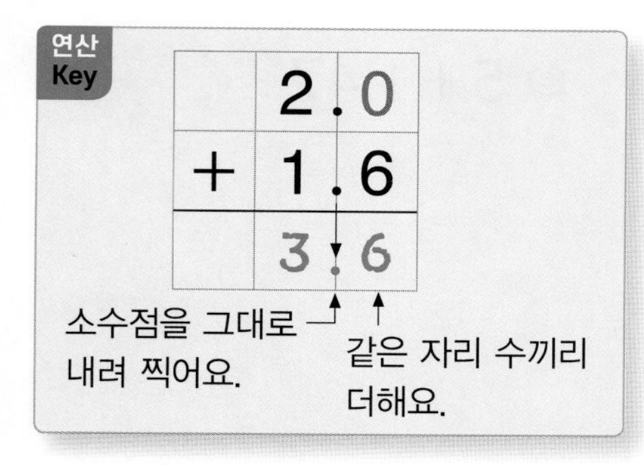

연산 Key
2.0
+ 1.6
3.6
소수점을 그대로 내려 찍어요.
같은 자리 수끼리 더해요.

❶

	9	
+	0.	3

❷

	4	
+	2.	5

❸

	3.	6
+	5	

❹

	1	5.	4
+		7	

❺

	3	6.	2
+		5	

❻

	1	8	
+		3.	7

❼

	2	4	
+	4	2.	8

❽

	6.	2	4
+	5		

❾

	8		
+	2.	6	3

❿

		5.	4	7
+	2	6		

⓫

	4	2.	5	8
+	1	8		

⓬

	2	5		
+		0.	6	4

⓭

	3	7		
+	2	5.	3	8

⓮

	6	2		
+	3	6.	7	2

1 DAY 자릿수가 다른 소수의 덧셈(1)

계산해 보세요.

❶ 4+0.9

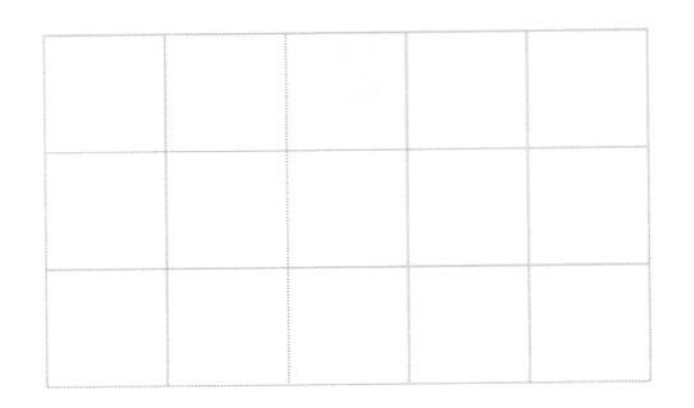

❷ 0.6+8

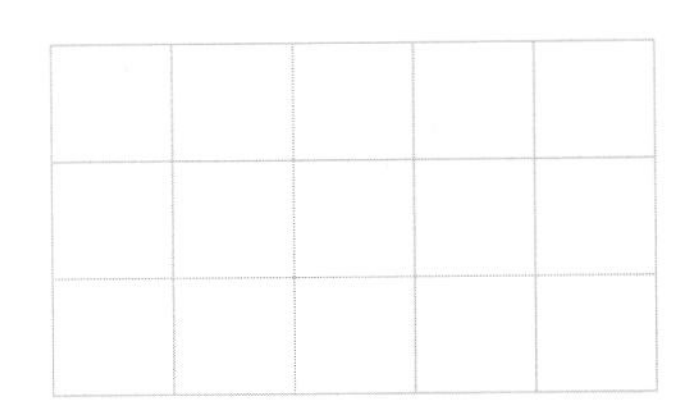

❸ 7+1.8

❹ 6+2.4

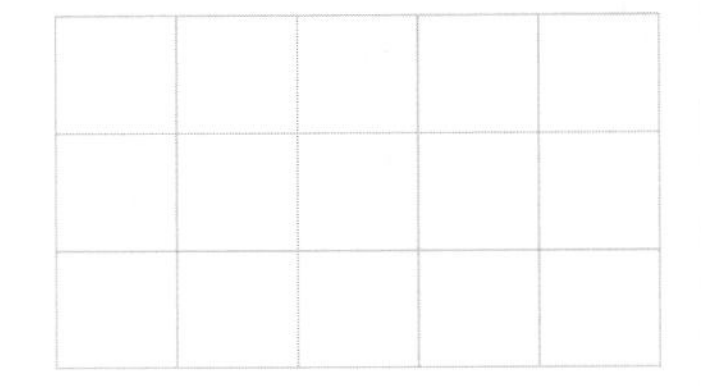

❺ 12+2.8

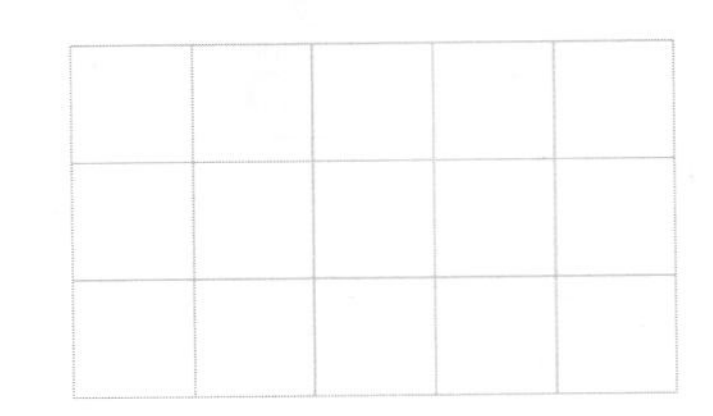

❻ 5.7+32

❼ 6+0.52

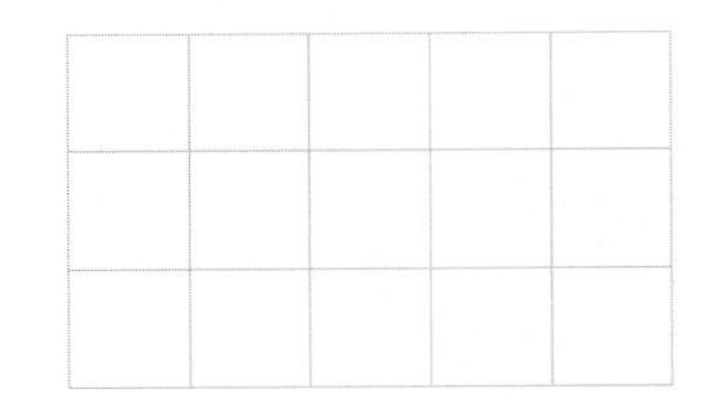

❽ 0.48+9

❾ 5+1.47

❿ 6.72+8

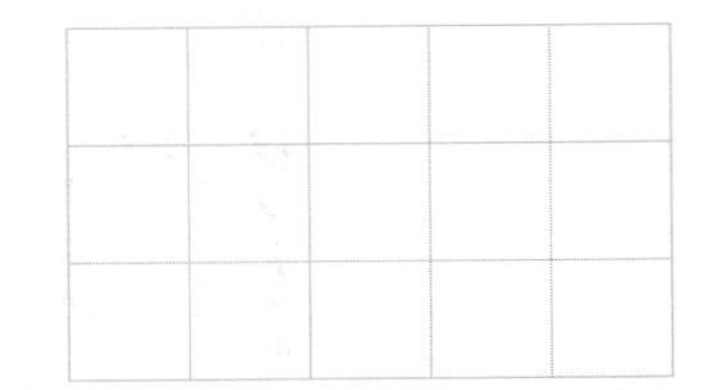

⓫ 12+2.64

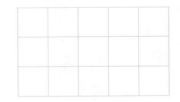

⓬ 7.38+45

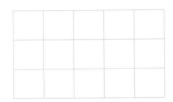

연산력 키우기 2 DAY

자릿수가 다른 소수의 덧셈(2)

소수점끼리 맞춘 후 같은 자리 수끼리 더해요.

계산해 보세요.

연산 Key

	0	.5	0
+	0	.4	6
	0	.9	6

소수점을 그대로 내려 찍어요.

같은 자리 수끼리 더해요.

❶

	0	.3	
+	0	.6	4

❷

	0	.8	
+	0	.5	3

❸

	0	.4	7
+	0	.2	

❹

	0	.7	6
+	0	.6	

❺

	1	.7	
+	2	.4	3

❻

	3	.5	8
+	1	.9	

❼

	5	.2	
+	4	.7	5

❽

	6	.1	8
+	7	.3	

❾

	8	.7	
+	5	.4	2

❿

	1	2	.8	
+		6	.7	4

⓫

	3	4	.5	9
+		8	.9	

⓬

	2	6	.3	
+	1	7	.2	6

⓭

	4	1	.7	5
+	2	4	.8	

⓮

	6	7	.5	
+	3	2	.6	4

2 DAY 자릿수가 다른 소수의 덧셈(2)

계산해 보세요.

❶ $0.4+0.28$

❷ $0.56+0.7$

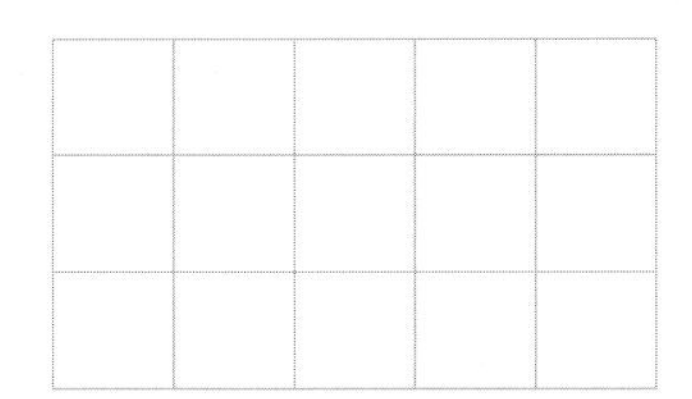

❸ $2.7+1.54$

❹ $3.65+6.4$

❺ $12.6+3.64$

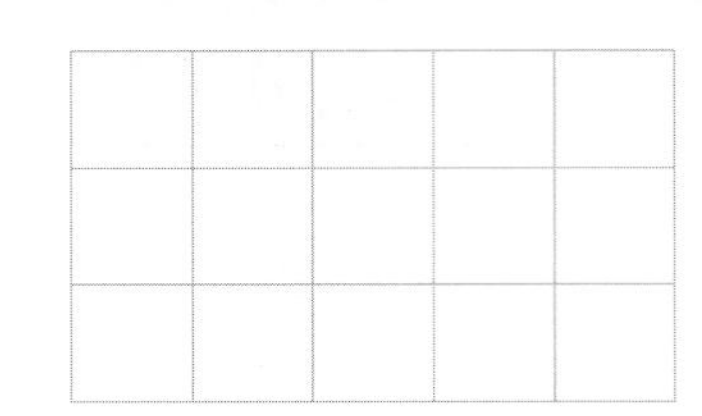

❻ $4.72+36.8$

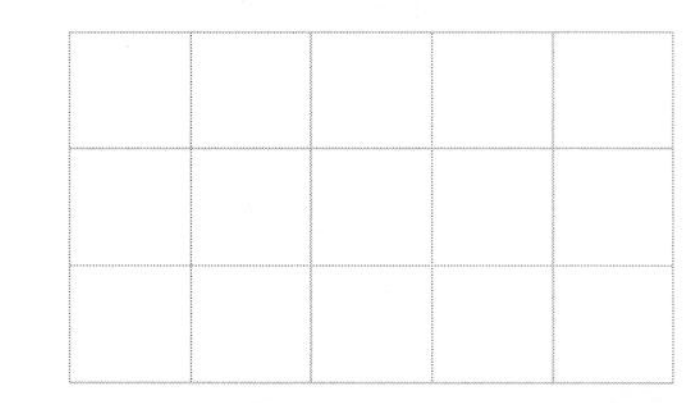

❼ $27.3+5.29$

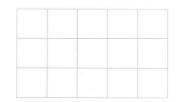

❽ $8.93+46.5$

❾ $36.5+24.79$

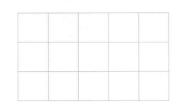

❿ $18.94+52.6$

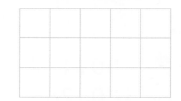

⓫ $42.9+37.52$

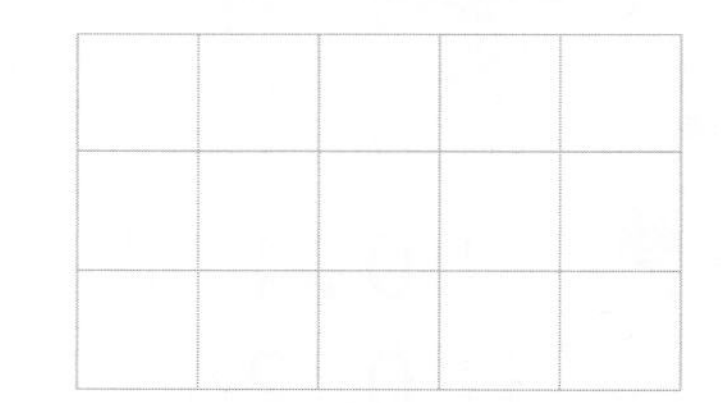

⓬ $53.83+18.6$

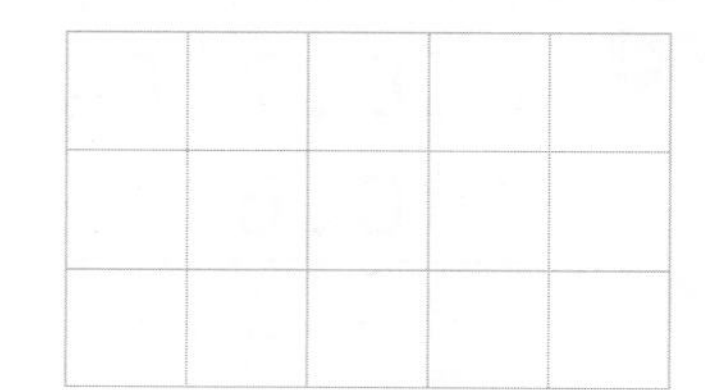

연산력 키우기 3 DAY

자릿수가 다른 소수의 덧셈(3)

소수점끼리 맞춘 후 같은 자리 수끼리 더해요.

계산해 보세요.

연산 Key
0.700
+ 0.258
0.958
소수점을 그대로 내려 찍어요.
같은 자리 수끼리 더해요.

⑤
$$\begin{array}{r} 1.6 \\ +\ 1.547 \\ \hline \end{array}$$

⑩
$$\begin{array}{r} 7.461 \\ +\ 14.7 \\ \hline \end{array}$$

①
$$\begin{array}{r} 0.4 \\ +\ 0.152 \\ \hline \end{array}$$

⑥
$$\begin{array}{r} 2.378 \\ +\ 1.7 \\ \hline \end{array}$$

⑪
$$\begin{array}{r} 9.5 \\ +\ 23.194 \\ \hline \end{array}$$

②
$$\begin{array}{r} 0.573 \\ +\ 0.3 \\ \hline \end{array}$$

⑦
$$\begin{array}{r} 5.817 \\ +\ 2.6 \\ \hline \end{array}$$

⑫
$$\begin{array}{r} 13.752 \\ +\ 7.9 \\ \hline \end{array}$$

③
$$\begin{array}{r} 0.7 \\ +\ 0.483 \\ \hline \end{array}$$

⑧
$$\begin{array}{r} 4.2 \\ +\ 3.826 \\ \hline \end{array}$$

⑬
$$\begin{array}{r} 25.8 \\ +\ 14.613 \\ \hline \end{array}$$

④
$$\begin{array}{r} 0.836 \\ +\ 0.9 \\ \hline \end{array}$$

⑨
$$\begin{array}{r} 6.8 \\ +\ 4.293 \\ \hline \end{array}$$

⑭
$$\begin{array}{r} 42.607 \\ +\ 25.7 \\ \hline \end{array}$$

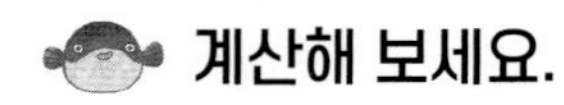

자릿수가 다른 소수의 덧셈(3)

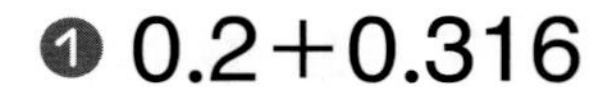

계산해 보세요.

❶ $0.2+0.316$

❷ $0.472+0.5$

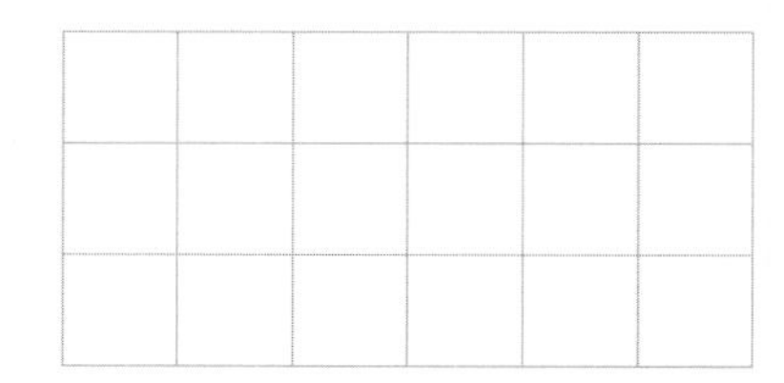

❸ $0.6+0.832$

❹ $0.953+1.7$

❺ $3.4+5.483$

❻ $4.214+3.7$

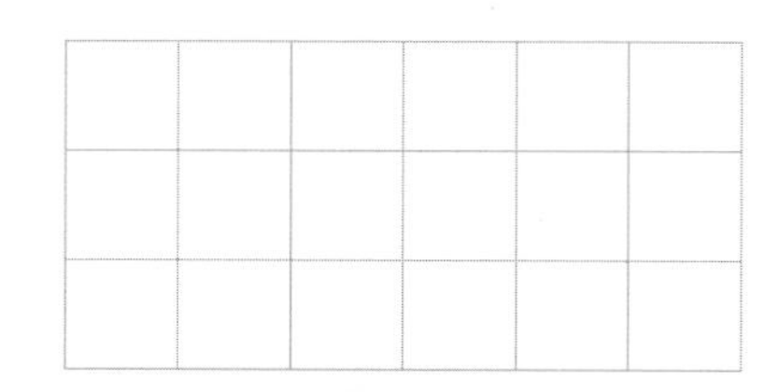

❼ $6.9+3.506$

❽ $7.842+8.5$

❾ $9.173+4.8$

❿ $18.3+8.562$

⓫ $24.973+17.5$

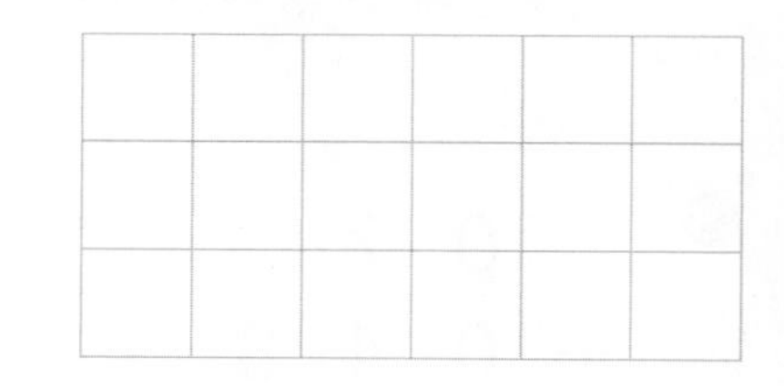

⓬ $48.7+36.953$

연산력 키우기

자릿수가 다른 소수의 덧셈(4)

소수의 오른쪽 끝에 0이 있는 것으로 생각하여 소수점의 자리를 맞춰요.

계산해 보세요.

연산 Key
0.530
+ 0.364
0.894
소수점을 그대로 내려 찍어요.
같은 자리 수끼리 더해요.

❶

	0.	3	4	
+	0.	1	3	6

❷

	0.	4	6	8
+	0.	2		

❸

	0.	8	2	
+	0.	4	6	5

❹

	0.	9	2	7
+	0.	6	8	

❺

	1.	5	6	
+	1.	4	9	2

❻

	2.	5	6	3
+	2.	8	3	

❼

	4.	9	4	
+	3.	6	5	3

❽

	5.	7	4	9
+	3.	6	7	

❾

	6.	9	4	
+	1.	5	9	7

❿

		8.	4	8	3
+	1	6.	9		

⓫

		9.	4	6	
+	3	5.	8	7	4

⓬

	1	6.	7	8	1
+		8.	6	2	

⓭

	2	7.	8	3	
+	2	3.	6	5	3

⓮

	5	1.	6	8	3
+	3	8.	9	2	

자릿수가 다른 소수의 덧셈(4)

 계산해 보세요.

❶ 0.25+0.352

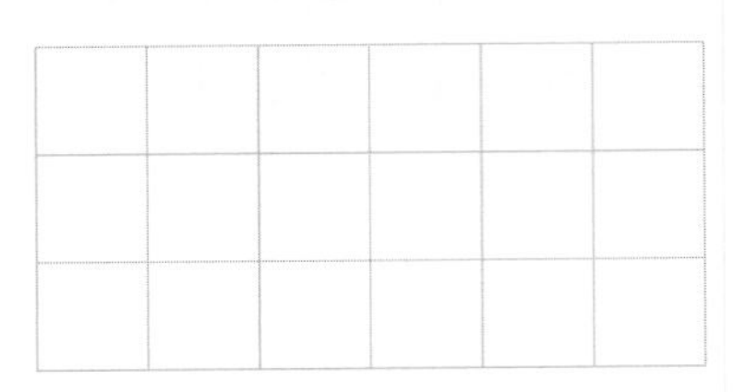

❷ 0.585+0.46

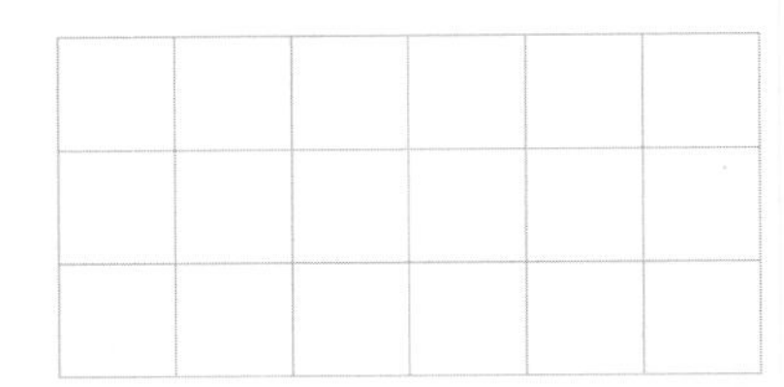

❸ 0.67+0.752

❹ 0.864+1.64

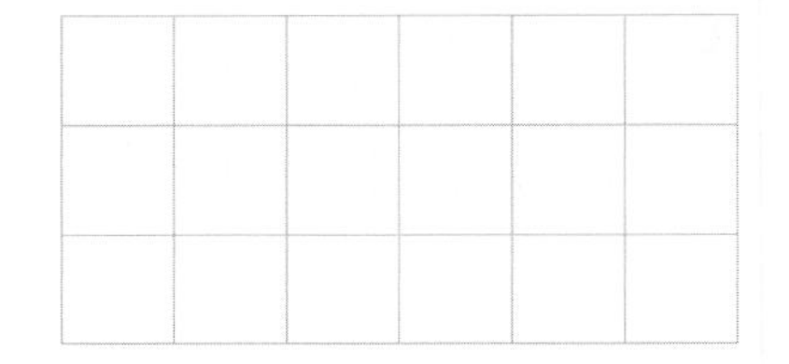

❺ 3.57+4.392

❻ 5.272+2.84

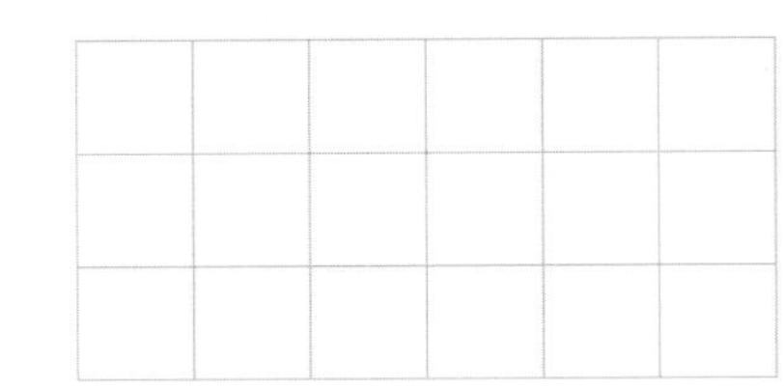

❼ 6.85+4.517

❽ 7.693+8.36

❾ 9.057+3.68

❿ 17.63+7.564

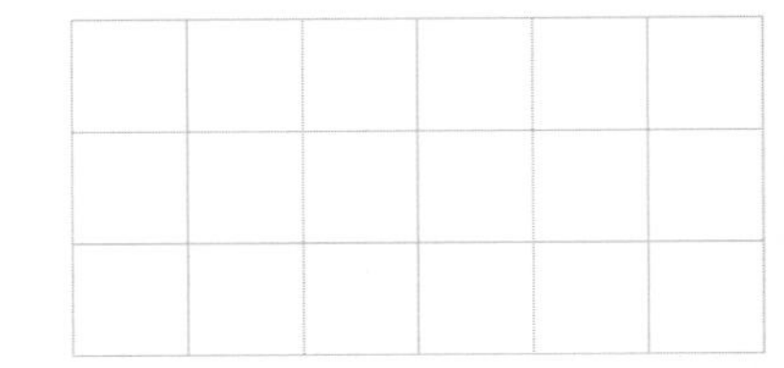

⓫ 27.951+23.65

⓬ 45.27+38.925

자릿수가 다른 소수의 덧셈(5)

소수점끼리 맞춘 후 같은 자리 수끼리 더해요.

계산해 보세요.

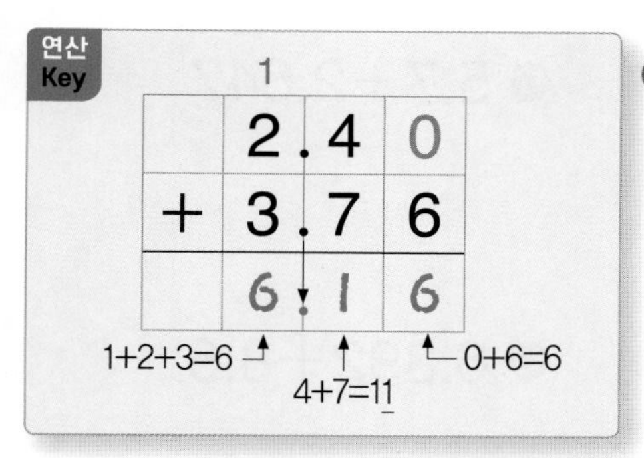

❶ $\begin{array}{r} 6 \\ +\ 0.7 \\ \hline \end{array}$

❷ $\begin{array}{r} 1.8 \\ +\ 9 \\ \hline \end{array}$

❸ $\begin{array}{r} 17 \\ +\ 0.53 \\ \hline \end{array}$

❹ $\begin{array}{r} 5.64 \\ +\ 21 \\ \hline \end{array}$

❺ $\begin{array}{r} 2.6 \\ +\ 1.43 \\ \hline \end{array}$

❻ $\begin{array}{r} 3.74 \\ +\ 4.8 \\ \hline \end{array}$

❼ $\begin{array}{r} 5.4 \\ +\ 3.76 \\ \hline \end{array}$

❽ $\begin{array}{r} 7.35 \\ +\ 6.7 \\ \hline \end{array}$

❾ $\begin{array}{r} 12.8 \\ +\ 23.24 \\ \hline \end{array}$

❿ $\begin{array}{r} 3.547 \\ +\ 4.28 \\ \hline \end{array}$

⓫ $\begin{array}{r} 6.493 \\ +\ 2.6 \\ \hline \end{array}$

⓬ $\begin{array}{r} 8.7 \\ +\ 5.839 \\ \hline \end{array}$

⓭ $\begin{array}{r} 15.385 \\ +\ 8.47 \\ \hline \end{array}$

⓮ $\begin{array}{r} 26.73 \\ +\ 17.548 \\ \hline \end{array}$

5 DAY

자릿수가 다른 소수의 덧셈(5)

계산해 보세요.

❶ $6+0.3$

❷ $1.6+7$

❸ $9+2.57$

❹ $3.74+8$

❺ $17+5.4$

❻ $6.8+28$

❼ $32+7.43$

❽ $6.28+49$

❾ $0.6+0.94$

❿ $0.84+0.7$

⓫ $1.9+3.28$

⓬ $5.97+4.6$

⓭ $12.7+8.74$

⓮ $5.96+32.8$

⓯ $14.6+23.57$

⓰ $35.96+42.75$

⓱ $5.7+2.647$

⓲ $6.392+8.6$

⓳ $23.8+12.953$

⓴ $36.825+6.4$

㉑ $5.98+3.617$

㉒ $9.284+8.95$

㉓ $36.65+18.479$

㉔ $27.456+52.67$

9

자릿수가 같은 소수의 뺄셈

학습목표 1. 소수 한 자리 수의 뺄셈 익히기
2. 소수 두 자리 수의 뺄셈 익히기

원리 깨치기

❶ 소수 한 자리 수의 뺄셈 ❷ 소수 두 자리 수의 뺄셈
월 일
이해! 한번 더!

연산력 키우기

DAY		맞은 개수 / 전체 문항
❶ DAY	월 일	14
	걸린 시간 분 초	12
❷ DAY	월 일	14
	걸린 시간 분 초	12
❸ DAY	월 일	14
	걸린 시간 분 초	12
❹ DAY	월 일	14
	걸린 시간 분 초	12
❺ DAY	월 일	14
	걸린 시간 분 초	24

자릿수가 같은 소수의 뺄셈은 어떻게 계산해야 할까?
자릿수가 같은 소수의 뺄셈은 자릿수가 다른 소수의 뺄셈의 기초가 돼.
자! 그럼, 자릿수가 같은 소수의 뺄셈을 공부해 볼까?

원리 깨치기

❶ 소수 한 자리 수의 뺄셈

[0.6－0.4의 계산]

	0	.6
－	0	.4
	0	.2

① 소수점끼리 맞추어 세로로 씁니다.
② 같은 자리 수끼리 뺍니다.
③ 소수점을 그대로 내려 찍습니다.

[2.4－0.8의 계산]

	1	10
	~~2~~	.4
－	0	.8
	1	.6

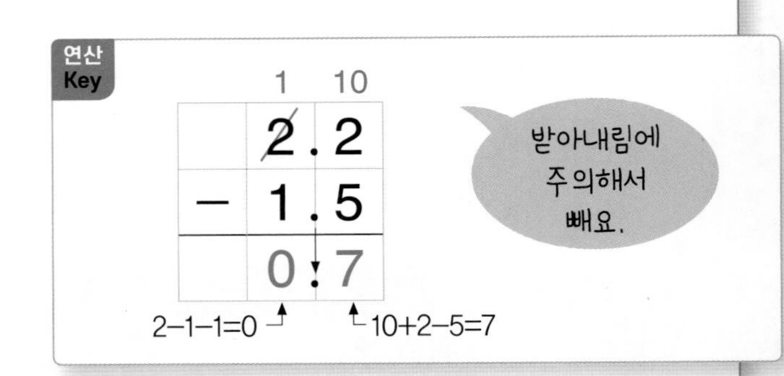

❷ 소수 두 자리 수의 뺄셈

[0.46－0.23의 계산]

	0	.4	6
－	0	.2	3
	0	.2	3

① 소수점끼리 맞추어 세로로 씁니다.
② 같은 자리 수끼리 뺍니다.
③ 소수점을 그대로 내려 찍습니다.

[0.74－0.36의 계산]

		6	10
	0	.~~7~~	4
－	0	.3	6
	0	.3	8

연산 Key
8 10
0.92
－ 0.58
0.34
9－1－5=3
10+2－8=4
소수점끼리 맞춘 후 같은 자리 수끼리 빼요.

연산력 키우기 1 DAY

소수 한 자리 수의 빼셈(1)

소수점끼리 맞추어 같은 자리 수끼리 빼요.

계산해 보세요.

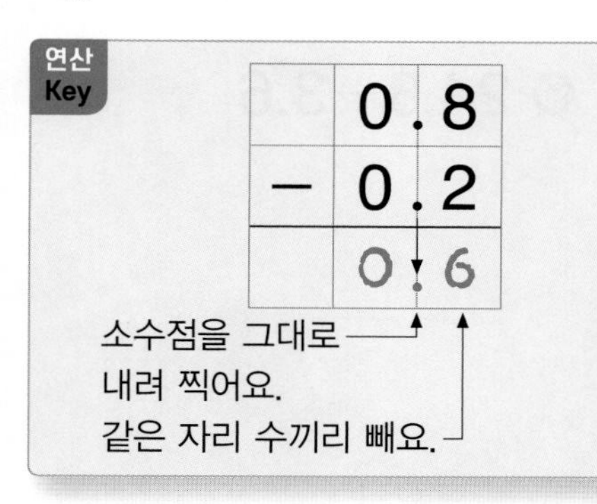

연산 Key
0.8
− 0.2
0.6
소수점을 그대로 내려 찍어요.
같은 자리 수끼리 빼요.

❶ 0.7 − 0.4

❷ 0.5 − 0.2

❸ 0.6 − 0.3

❹ 1.8 − 0.7

❺ 3.5 − 1.3

❻ 4.8 − 3.6

❼ 6.7 − 2.3

❽ 9.6 − 4.3

❾ 15.6 − 3.4

❿ 29.8 − 7.2

⓫ 36.7 − 13.5

⓬ 57.6 − 31.4

⓭ 64.8 − 42.3

⓮ 85.9 − 43.2

1 DAY

소수 한 자리 수의 뺄셈(1)

계산해 보세요.

❶ $0.6-0.3$

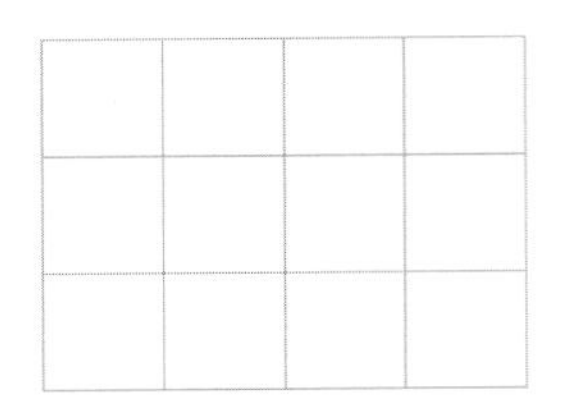

❷ $0.8-0.3$

❸ $0.9-0.4$

❹ $1.7-0.3$

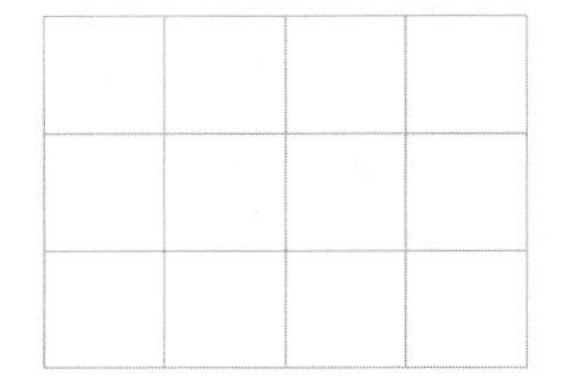

❺ $2.5-1.4$

❻ $4.8-3.2$

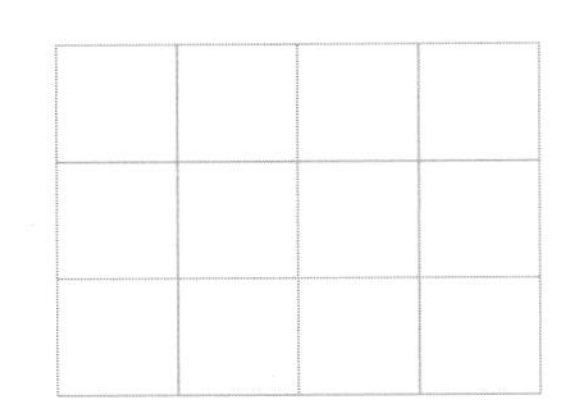

❼ $8.7-2.5$

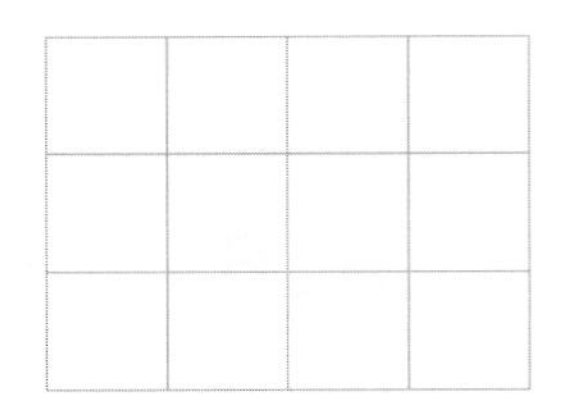

❽ $16.9-3.2$

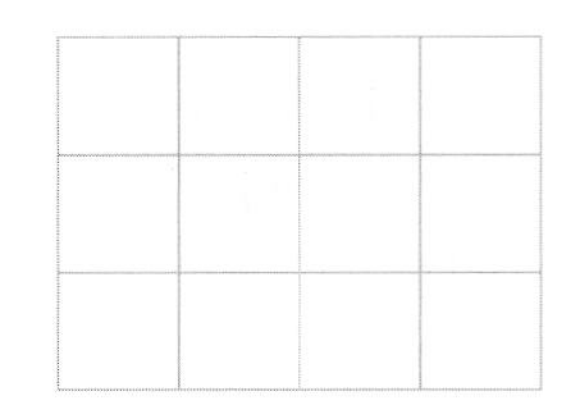

❾ $24.8-3.6$

❿ $38.4-25.1$

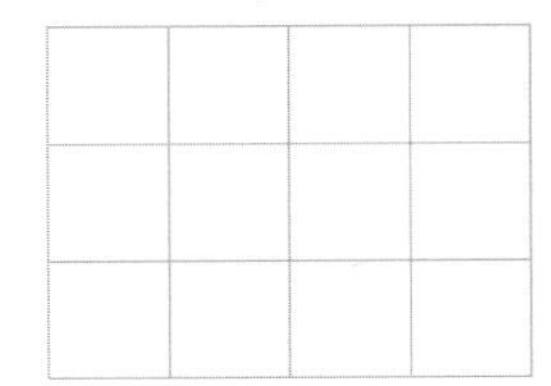

⓫ $57.8-21.5$

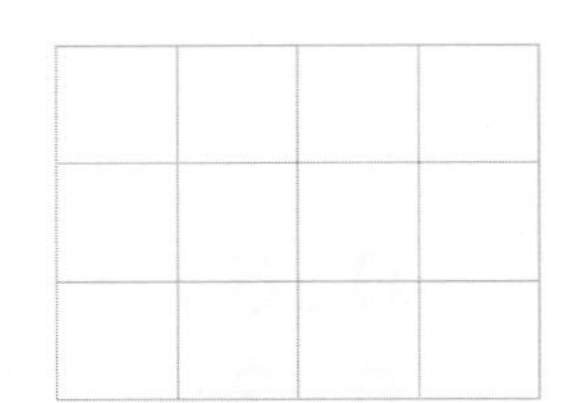

⓬ $66.9-34.7$

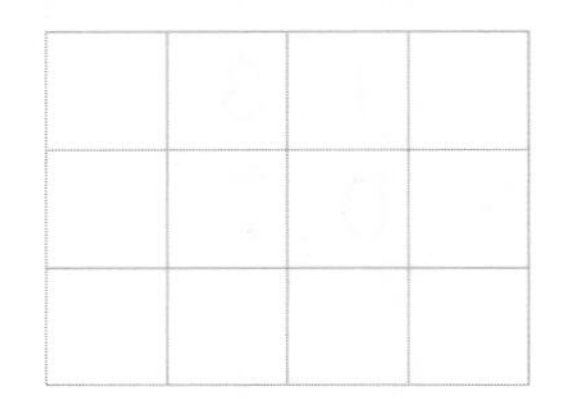

소수 한 자리 수의 뺄셈(2)

받아내림에 주의해서 계산해요.

계산해 보세요.

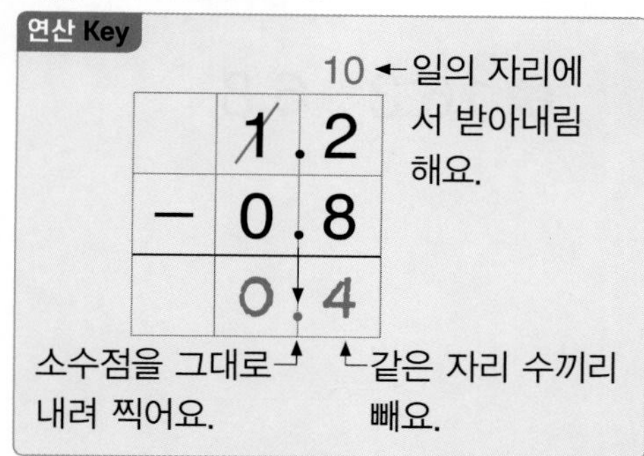

연산 Key
10 ← 일의 자리에서 받아내림 해요.
1.2
− 0.8
0.4
소수점을 그대로 내려 찍어요.
같은 자리 수끼리 빼요.

❶

	1.	2
−	0.	9

❷

	1.	5
−	0.	6

❸

	2.	1
−	0.	4

❹

	2.	5
−	0.	7

❺

	3.	4
−	1.	8

❻

	4.	6
−	2.	8

❼

	6.	5
−	3.	7

❽

	8.	3
−	4.	8

❾

	9.	4
−	3.	6

❿

	1	3.	7
−		6.	9

⓫

	2	1.	6
−		3.	8

⓬

	4	5.	3
−	2	6.	5

⓭

	5	6.	4
−	1	3.	7

⓮

	6	1.	5
−	4	3.	8

2
DAY

소수 한 자리 수의 뺄셈(2)

계산해 보세요.

❶ 1.4−0.7

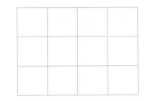

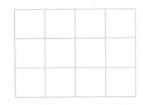

❺ 4.6−1.9

❾ 16.3−6.8

❷ 1.6−0.9

❻ 5.3−2.7

❿ 24.7−13.8

❸ 2.5−1.7

❼ 6.3−4.5

⓫ 46.3−24.7

❹ 3.2−2.5

❽ 13.2−7.5

⓬ 72.3−37.9

연산력 키우기 **3** DAY

소수 두 자리 수의 뺄셈(1)

소수점끼리 자리를 맞추어 같은 자리 수끼리 빼요.

계산해 보세요.

연산 Key

	0	.4	5
−	0	.3	2
	0	.1	3

소수점을 그대로 내려 찍어요.

같은 자리 수끼리 빼요.

❶

	0	.4	6
−	0	.2	3

❷

	0	.5	7
−	0	.2	4

❸

	0	.6	8
−	0	.4	6

❹

	1	.7	5
−	0	.4	3

❺

	3	.7	5
−	1	.5	2

❻

	4	.8	6
−	2	.6	4

❼

	7	.6	8
−	4	.2	4

❽

	1	3	.7	5
−		2	.6	2

❾

	2	8	.5	9
−		3	.2	4

❿

	4	5	.7	6
−		4	.6	3

⓫

	5	2	.6	3
−	3	1	.5	2

⓬

	6	7	.8	4
−	4	3	.3	2

⓭

	7	6	.3	6
−	3	2	.1	2

⓮

	8	5	.2	9
−	4	3	.1	5

3 DAY 소수 두 자리 수의 뺄셈(1)

계산해 보세요.

❶ 0.48 − 0.16

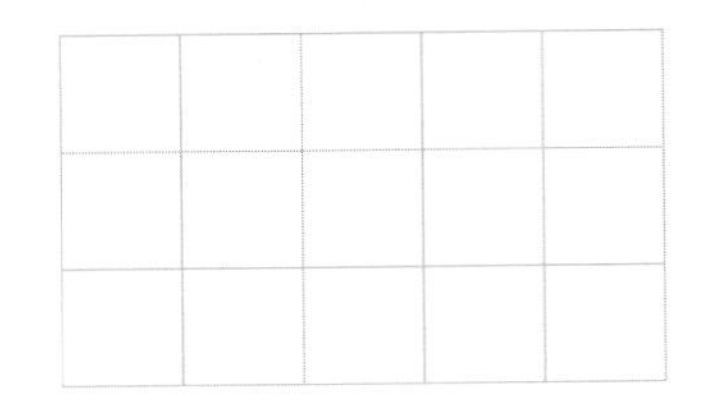

❺ 2.85 − 1.43

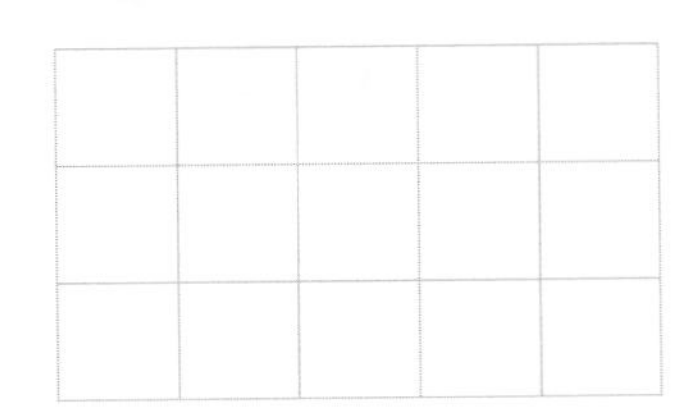

❾ 9.46 − 4.25

❷ 0.58 − 0.43

❻ 4.67 − 3.52

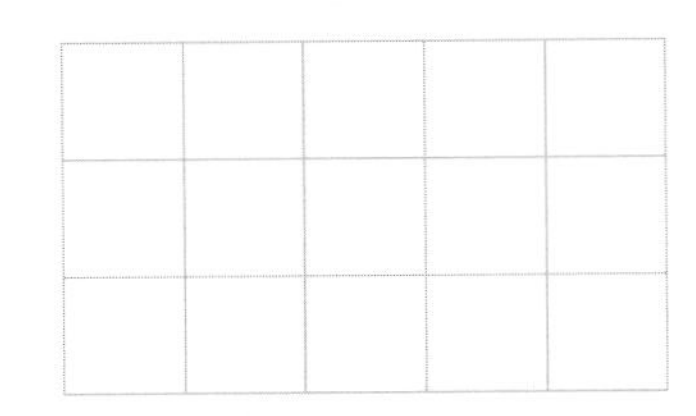

❿ 18.67 − 6.43

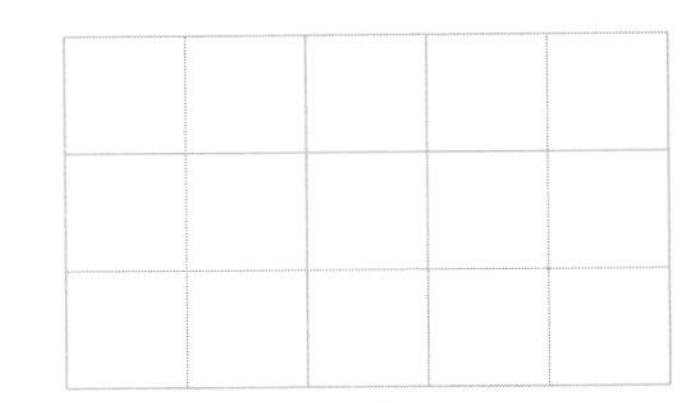

❸ 0.67 − 0.25

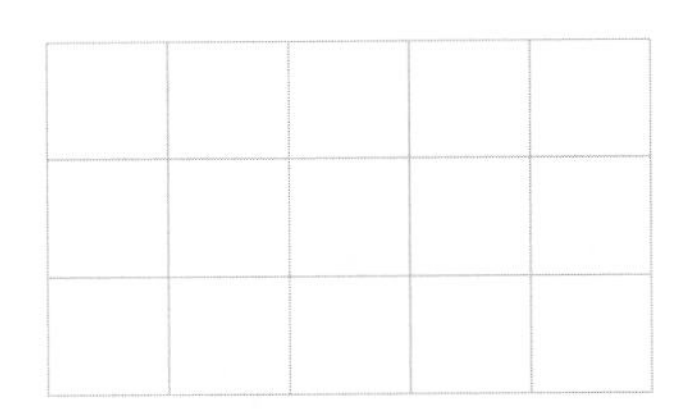

❼ 6.58 − 3.16

⓫ 26.85 − 12.52

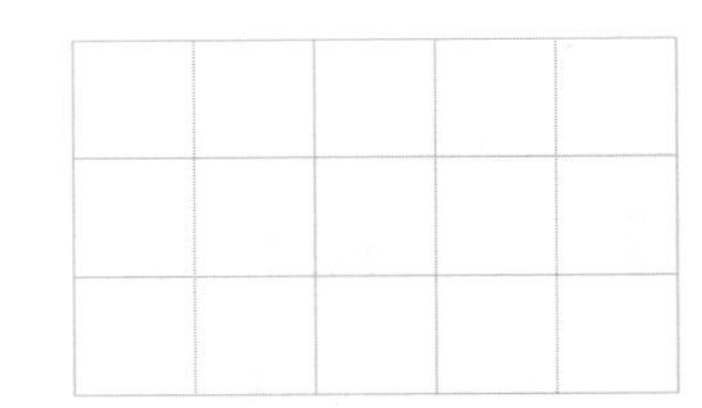

❹ 1.78 − 0.53

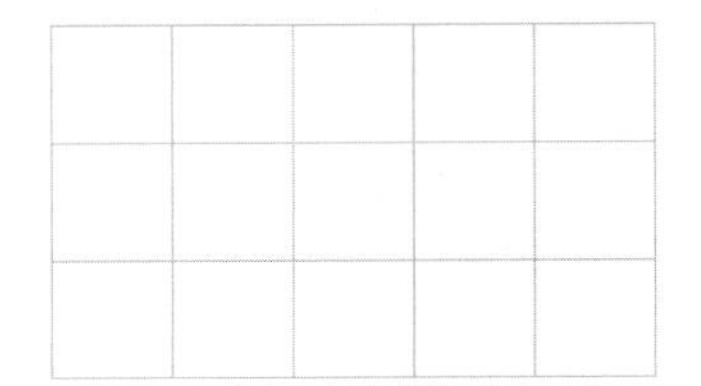

❽ 8.73 − 6.52

⓬ 57.64 − 34.51

연산력 키우기 4 DAY

소수 두 자리 수의 뺄셈(2)

받아내림에 주의해서 뺄셈을 해요.

계산해 보세요.

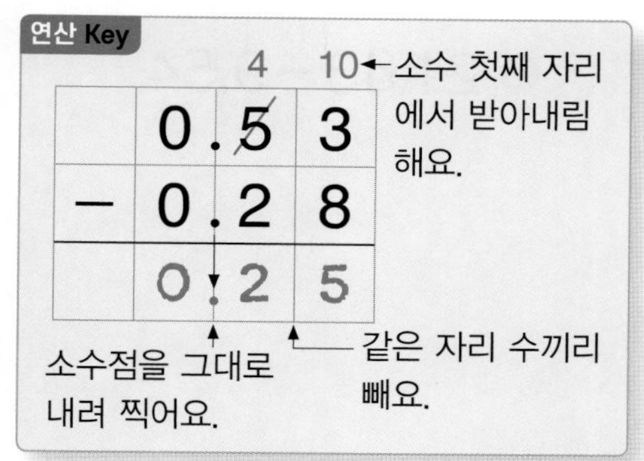

연산 Key
4 10 ← 소수 첫째 자리에서 받아내림 해요.
0.53
− 0.28
0.25
소수점을 그대로 내려 찍어요.
같은 자리 수끼리 빼요.

① $0.45 - 0.27$

② $0.53 - 0.19$

③ $0.62 - 0.38$

④ $0.76 - 0.37$

⑤ $0.83 - 0.56$

⑥ $1.36 - 0.65$

⑦ $2.15 - 0.89$

⑧ $5.35 - 2.67$

⑨ $9.05 - 5.46$

⑩ $23.46 - 7.97$

⑪ $31.54 - 14.76$

⑫ $47.16 - 15.37$

⑬ $54.24 - 32.58$

⑭ $62.53 - 27.58$

4 DAY 소수 두 자리 수의 뺄셈(2)

계산해 보세요.

❶ $0.35-0.18$

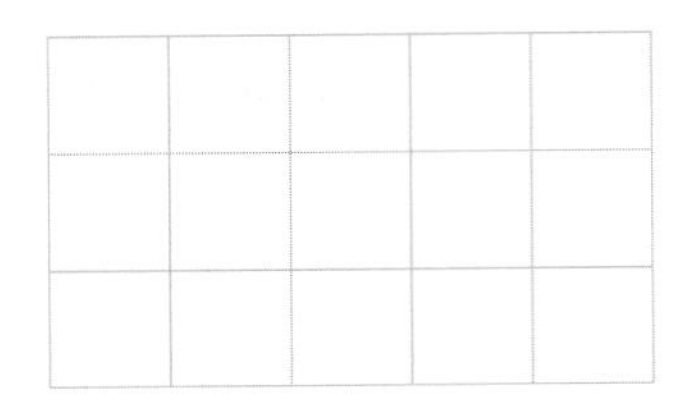

❷ $0.54-0.26$

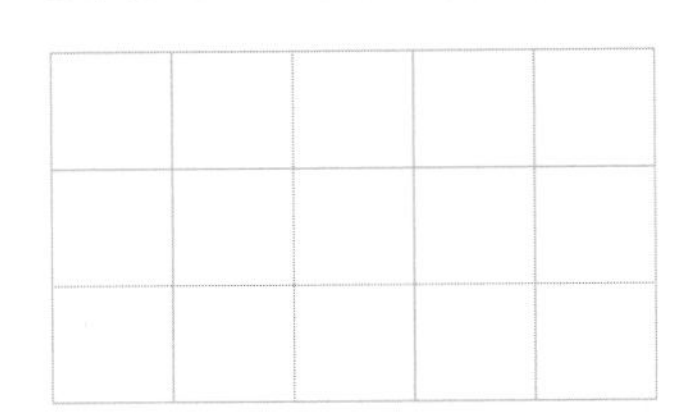

❸ $0.73-0.45$

❹ $1.25-0.68$

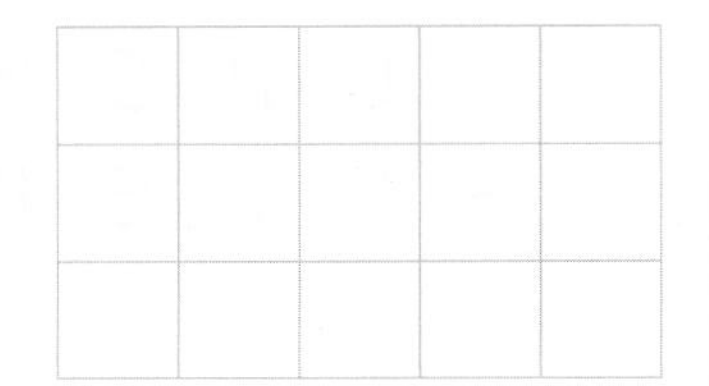

❺ $3.72-1.56$

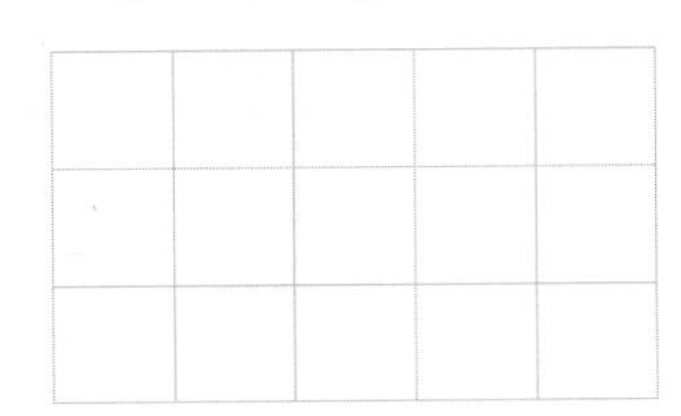

❻ $5.34-2.76$

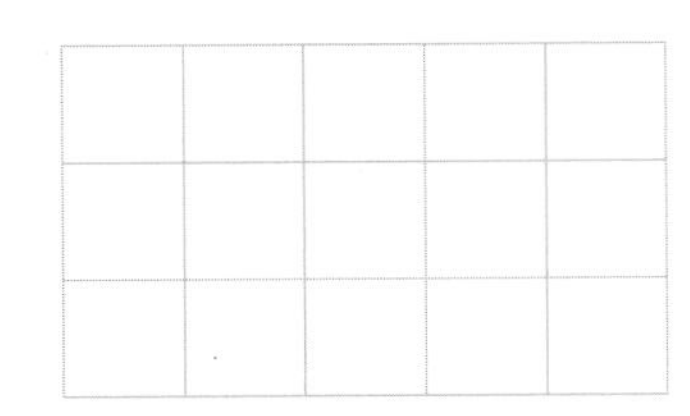

❼ $6.25-1.78$

❽ $13.05-6.47$

❾ $21.43-9.54$

❿ $34.17-15.49$

⓫ $54.26-25.74$

⓬ $71.38-46.49$

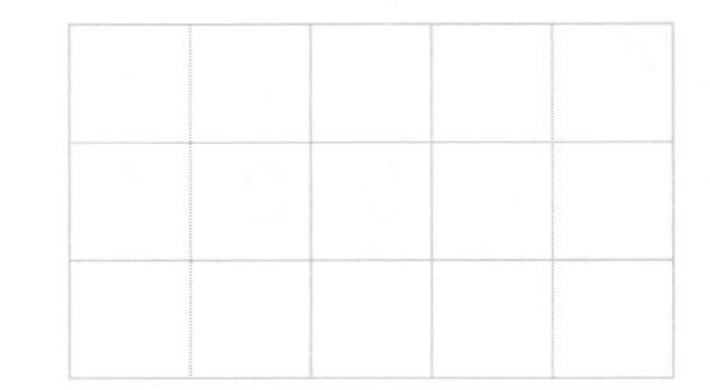

자릿수가 같은 소수의 뺄셈

받아내림한 수를 위에 작게 써 놓으면 실수를 줄일 수 있어요.

계산해 보세요.

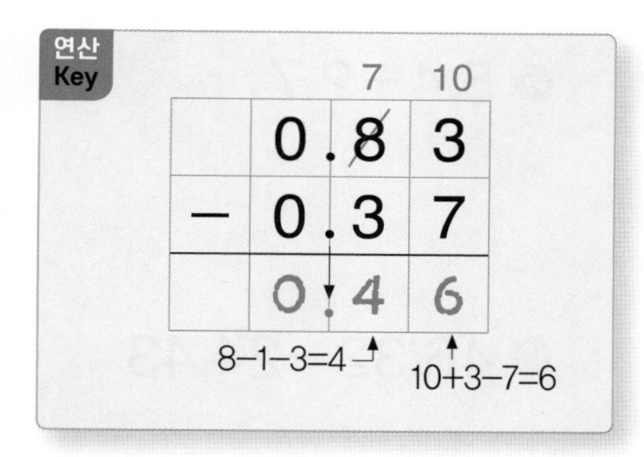

❶ $\begin{array}{r} 0.9 \\ -\ 0.2 \\ \hline \end{array}$

❷ $\begin{array}{r} 1.4 \\ -\ 0.6 \\ \hline \end{array}$

❸ $\begin{array}{r} 2.3 \\ -\ 1.7 \\ \hline \end{array}$

❹ $\begin{array}{r} 8.5 \\ -\ 5.8 \\ \hline \end{array}$

❺ $\begin{array}{r} 13.4 \\ -\ 8.9 \\ \hline \end{array}$

❻ $\begin{array}{r} 42.5 \\ -\ 27.3 \\ \hline \end{array}$

❼ $\begin{array}{r} 0.57 \\ -\ 0.26 \\ \hline \end{array}$

❽ $\begin{array}{r} 0.73 \\ -\ 0.48 \\ \hline \end{array}$

❾ $\begin{array}{r} 1.85 \\ -\ 0.27 \\ \hline \end{array}$

❿ $\begin{array}{r} 3.26 \\ -\ 1.38 \\ \hline \end{array}$

⓫ $\begin{array}{r} 8.62 \\ -\ 4.75 \\ \hline \end{array}$

⓬ $\begin{array}{r} 17.37 \\ -\ 6.59 \\ \hline \end{array}$

⓭ $\begin{array}{r} 35.06 \\ -\ 17.57 \\ \hline \end{array}$

⓮ $\begin{array}{r} 53.24 \\ -\ 25.46 \\ \hline \end{array}$

5 DAY 자릿수가 같은 소수의 뺄셈

계산해 보세요.

❶ 0.5−0.3

❷ 0.57−0.23

❸ 8.27−0.56

❹ 3.6−1.3

❺ 5.7−2.9

❻ 3.87−1.65

❼ 1.28−0.43

❽ 0.83−0.65

❾ 1.7−0.9

❿ 42.9−26.5

⓫ 9.45−4.78

⓬ 16.5−8.9

⓭ 3.54−1.65

⓮ 35.42−12.67

⓯ 7.62−4.48

⓰ 15.26−12.87

⓱ 5.4−2.7

⓲ 46.32−24.43

⓳ 17.5−2.9

⓴ 42.56−16.87

㉑ 65.7−31.8

㉒ 54.27−25.65

㉓ 67.34−32.49

㉔ 78.26−52.67

10

자릿수가 다른 소수의 뺄셈

학습목표 1. 자릿수가 다른 소수의 뺄셈 익히기

원리 깨치기

❶ 자릿수가 다른 소수의 뺄셈
월 일
이해 ! 한번 더 !

자릿수가 다른 소수의 뺄셈은 어떻게 계산해야 할까?
자릿수가 다른 소수의 뺄셈은 자릿수가 같은 소수의 뺄셈과 같이 소수점끼리 맞추어 같은 자리 수끼리 계산해야 돼.
자! 그럼, 자릿수가 다른 소수의 뺄셈을 공부해 볼까?

연산력 키우기

DAY		맞은 개수 / 전체 문항
❶ DAY	월 일	14
	걸린 시간 분 초	12
❷ DAY	월 일	14
	걸린 시간 분 초	12
❸ DAY	월 일	14
	걸린 시간 분 초	12
❹ DAY	월 일	14
	걸린 시간 분 초	12
❺ DAY	월 일	14
	걸린 시간 분 초	24

원리 깨치기

❶ 자릿수가 다른 소수의 뺄셈

[5.6－2의 계산]

	5.	6
－	2.	0
	3.	6

① 2＝2.0이므로 소수점끼리 맞추어 세로로 씁니다.
② 같은 자리 수끼리 뺍니다.
③ 소수점을 그대로 내려 찍습니다.

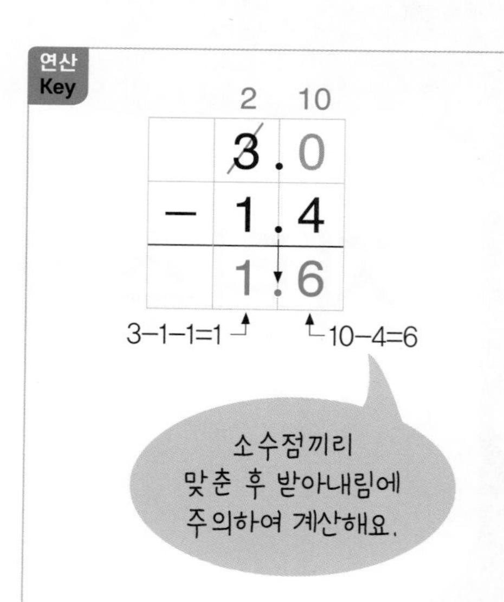

[0.7－0.46의 계산]

		6	10
	0.	7	0
－	0.	4	6
	0.	2	4

① 0.7＝0.70이므로 소수점끼리 맞추어 세로로 씁니다.
② 같은 자리 수끼리 뺍니다.
③ 소수점을 그대로 내려 찍습니다.

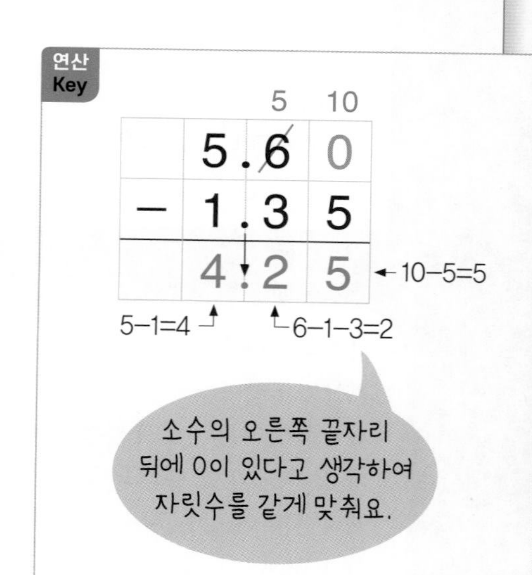

연산 Key
5 10
5.6 0
－ 1.3 5
4.2 5
10－5＝5
5－1＝4
6－1－3＝2
소수의 오른쪽 끝자리 뒤에 0이 있다고 생각하여 자릿수를 같게 맞춰요.

[0.76－0.357의 계산]

			5	10
	0.	7	6	0
－	0.	3	5	7
	0.	4	0	3

① 0.76＝0.760이므로 소수점끼리 맞추어 세로로 씁니다.
② 같은 자리 수끼리 뺍니다.
③ 소수점을 그대로 내려 찍습니다.

연산력 키우기 1 DAY 자릿수가 다른 소수의 뺄셈(1)

소수점끼리 맞춘 후 같은 자리 수끼리 빼요.

계산해 보세요.

연산 Key

	4	10
	5.	0
−	1.	3
	3.	7

소수점을 그대로 내려 찍어요. 같은 자리 수끼리 빼요.

❶ $7 - 0.6$

❷ $5 - 3.7$

❸ $4.6 - 3$

❹ $8.4 - 6$

❺ $32.5 - 7$

❻ $15 - 7.6$

❼ $7 - 2.78$

❽ $9.36 - 4$

❾ $7 - 1.54$

❿ $36.26 - 19$

⓫ $45.37 - 19$

⓬ $53 - 9.67$

⓭ $40 - 23.58$

⓮ $74 - 34.92$

자릿수가 다른 소수의 뺄셈(1)

계산해 보세요.

❶ $5-0.7$

❺ $24-9.8$

❾ $8-1.28$

❷ $6.7-3$

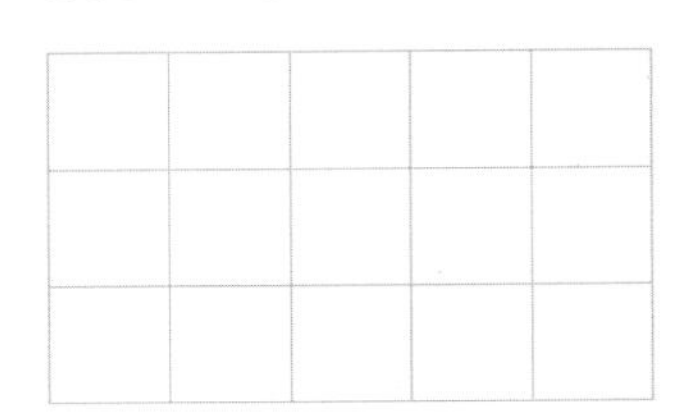

❻ $35.6-18$

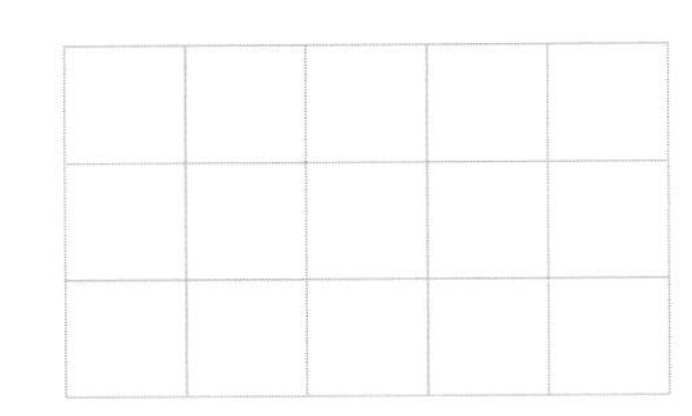

❿ $16.92-9$

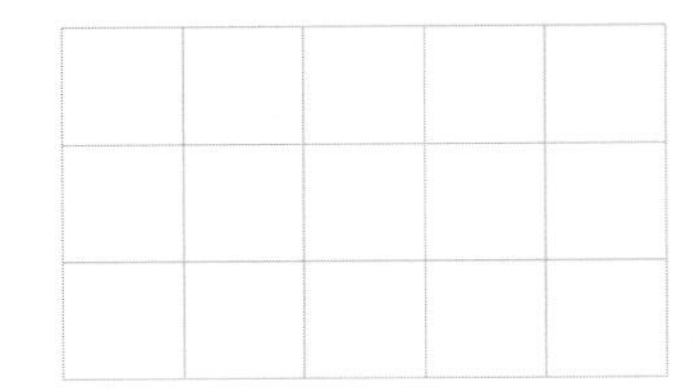

❸ $8-3.7$

❼ $3-0.72$

⓫ $25-18.94$

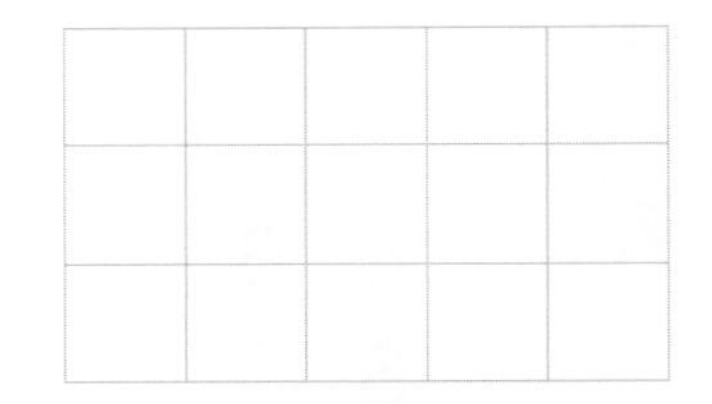

❹ $12.4-9$

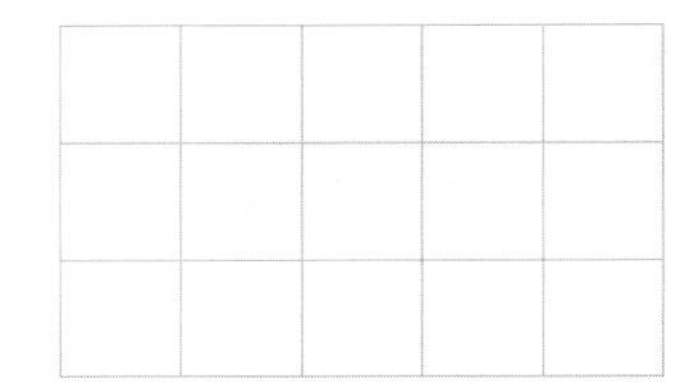

❽ $7.45-4$

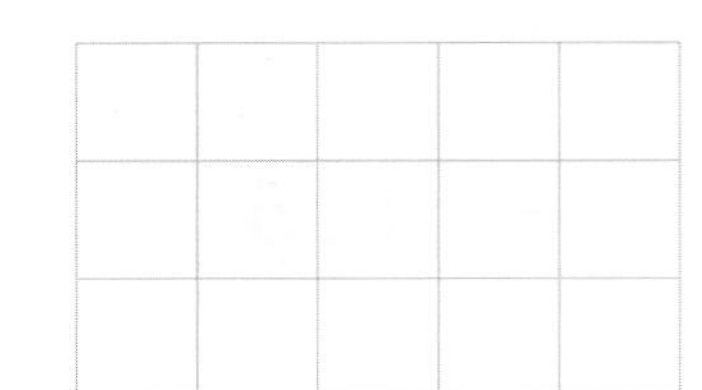

⓬ $37.28-28$

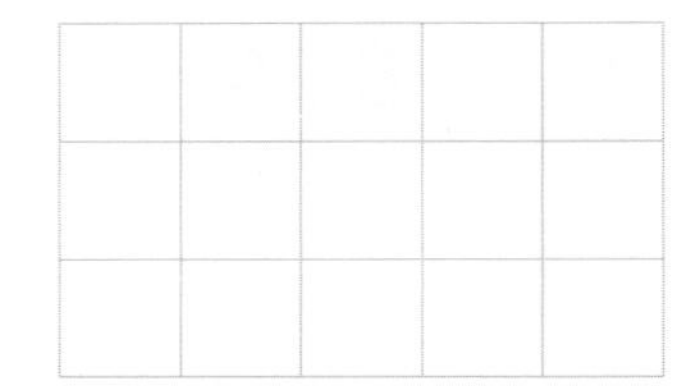

연산력 키우기 **2** DAY

자릿수가 다른 소수의 뺄셈(2)

소수 끝자리에 0이 있는 것으로 생각하여 계산해요.

계산해 보세요.

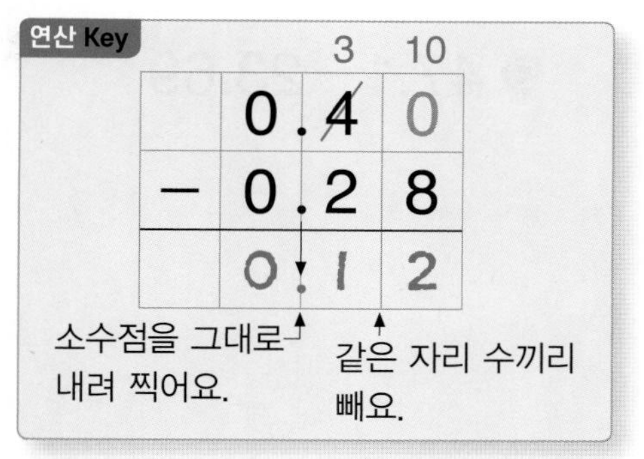

연산 Key
3 10
0.40
− 0.28
0.12
소수점을 그대로 내려 찍어요.
같은 자리 수끼리 빼요.

❶ $0.3 - 0.16$

❷ $0.6 - 0.37$

❸ $0.74 - 0.5$

❹ $1.4 - 0.93$

❺ $4.85 - 2.4$

❻ $6.5 - 3.94$

❼ $8.26 - 4.7$

❽ $9.1 - 6.39$

❾ $9.23 - 7.8$

❿ $12.8 - 6.74$

⓫ $34.57 - 8.9$

⓬ $46.5 - 13.86$

⓭ $51.46 - 35.7$

⓮ $81.6 - 53.84$

2 DAY 자릿수가 다른 소수의 뺄셈(2)

 계산해 보세요.

❶ $0.6-0.27$

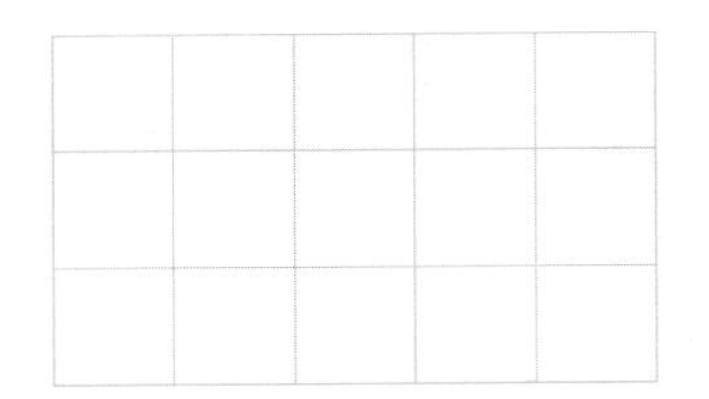

❺ $13.4-6.24$

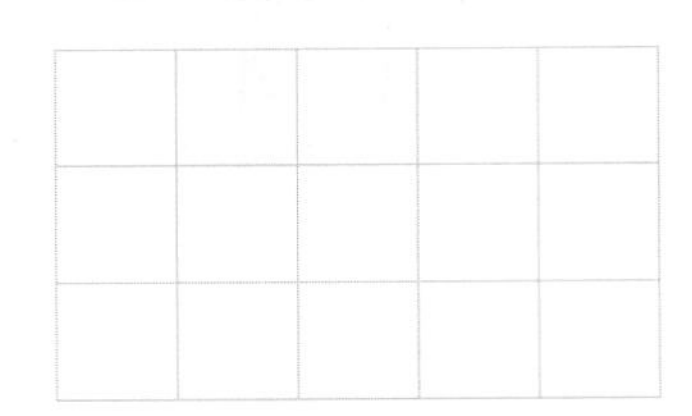

❾ $47.1-23.69$

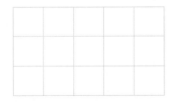

❷ $0.76-0.4$

❻ $24.72-6.9$

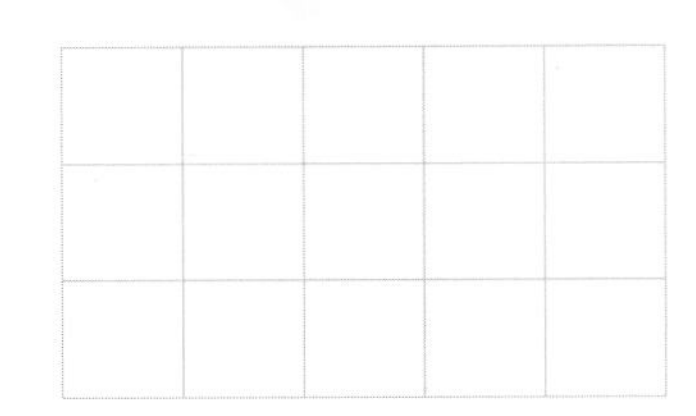

❿ $68.04-32.6$

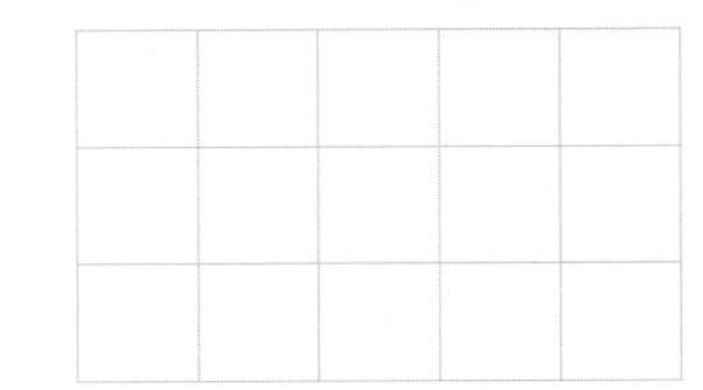

❸ $2.5-1.63$

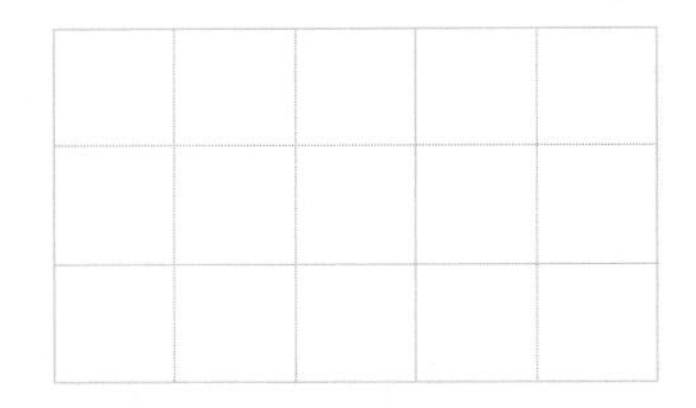

❼ $36.2-7.59$

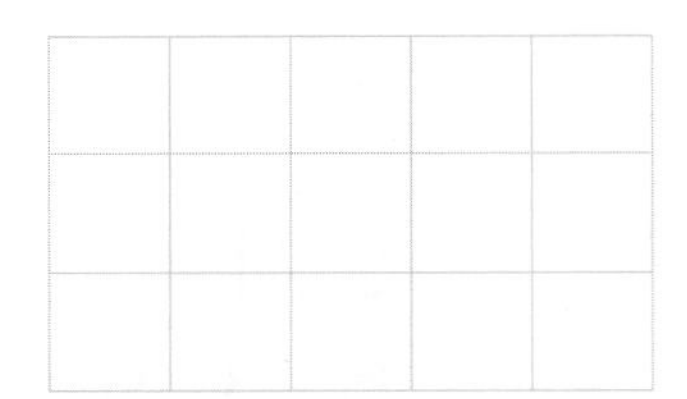

⓫ $72.4-53.56$

❹ $4.72-2.6$

❽ $58.13-26.5$

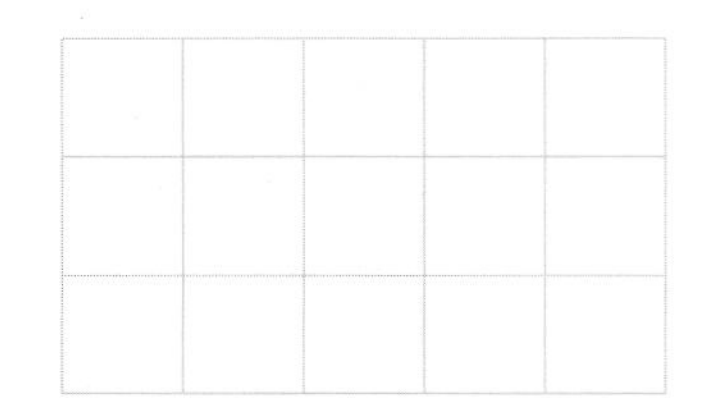

⓬ $81.37-48.5$

연산력 키우기 3 DAY

자릿수가 다른 소수의 뺄셈(3)

소수점끼리 맞춘 후 같은 자리 수끼리 빼요.

계산해 보세요.

연산 Key

	6	9	10
	0.7	0	0
−	0.2	4	8
	0.4	5	2

소수점을 그대로 내려 찍어요. 같은 자리 수끼리 빼요.

❶ $0.3 - 0.163$

❷ $0.547 - 0.2$

❸ $0.6 - 0.358$

❹ $0.873 - 0.4$

❺ $1.5 - 0.862$

❻ $3.264 - 1.6$

❼ $5.3 - 2.764$

❽ $6.025 - 3.5$

❾ $7.4 - 5.704$

❿ $9.314 - 2.7$

⓫ $13.4 - 6.173$

⓬ $24.512 - 7.8$

⓭ $31.6 - 15.254$

⓮ $52.013 - 36.8$

3 DAY 자릿수가 다른 소수의 뺄셈(3)

 계산해 보세요.

❶ 0.7－0.326

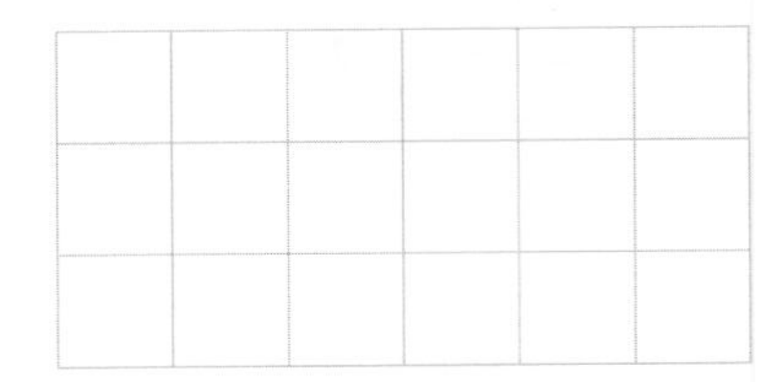

❷ 0.812－0.5

❸ 1.3－0.641

❹ 2.456－1.9

❺ 4.5－2.463

❻ 5.283－3.6

❼ 6.2－4.593

❽ 8.149－5.4

❾ 12.176－8.5

❿ 28.7－9.863

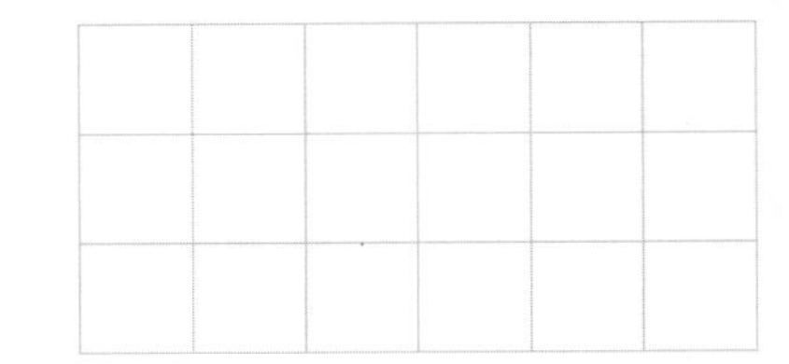

⓫ 34.153－18.7

⓬ 42.6－26.924

연산력 키우기 4 DAY

자릿수가 다른 소수의 뺄셈(4)

소수점끼리 맞춘 후 같은 자리 수끼리 빼요.

계산해 보세요.

연산 Key

		6	10
	0.	~~7~~	0
	0.	8	~~7~~	0
−	0.	3	4	2
	0.	5	2	8

소수점을 그대로 내려 찍어요. 같은 자리 수끼리 빼요.

❶

	0.	4	2	
−	0.	1	7	5

❷

	0.	5	6	3
−	0.	3	6	

❸

	0.	7	3	
−	0.	4	5	1

❹

	0.	8	4	2
−	0.	5	8	

❺

	1.	3	7	
−	0.	5	4	2

❻

	3.	3	1	5
−	1.	7	5	

❼

	4.	6	9	
−	2.	8	5	4

❽

	6.	3	7	5
−	3.	6	8	

❾

	9.	7	2	
−	5.	2	9	1

❿

	1	4.	3	8	2
−		6.	7		

⓫

	2	4.	3	6	
−		6.	8	5	1

⓬

	3	6.	4	8	5
−	1	8.	6	4	

⓭

	4	5.	8	3	
−	2	7.	4	7	4

⓮

	5	9.	6	4	3
−	3	2.	9	7	

4 DAY 자릿수가 다른 소수의 뺄셈(4)

 계산해 보세요.

❶ $0.75-0.354$

❷ $0.924-0.47$

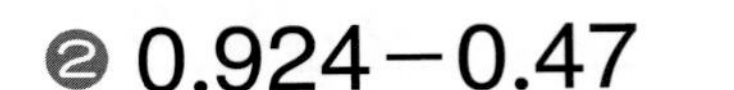

❸ $1.53-0.842$

❹ $2.374-1.68$

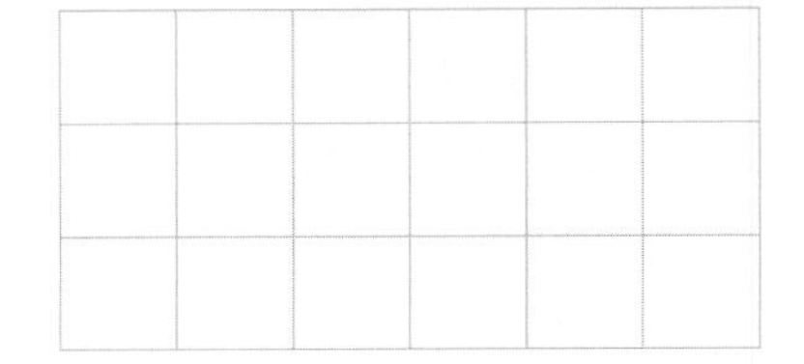

❺ $4.62-1.547$

❻ $5.073-2.63$

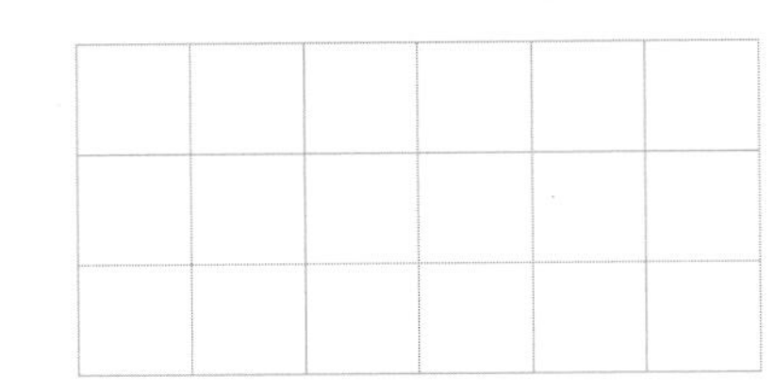

❼ $7.25-4.614$

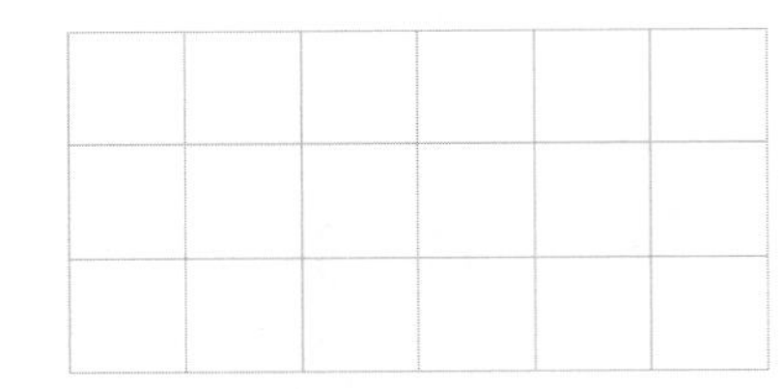

❽ $9.513-5.76$

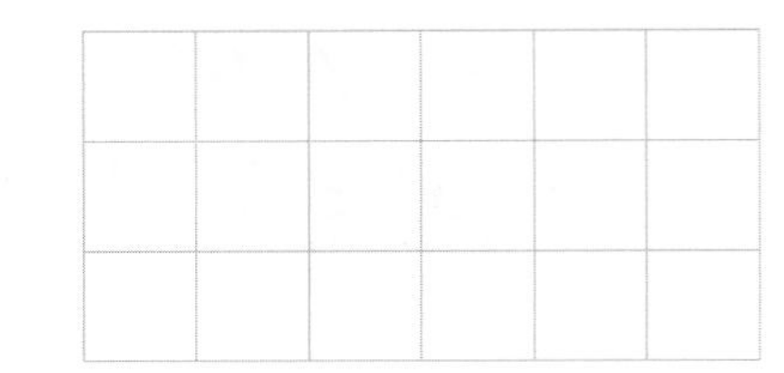

❾ $13.057-7.69$

❿ $27.03-13.562$

⓫ $36.952-21.87$

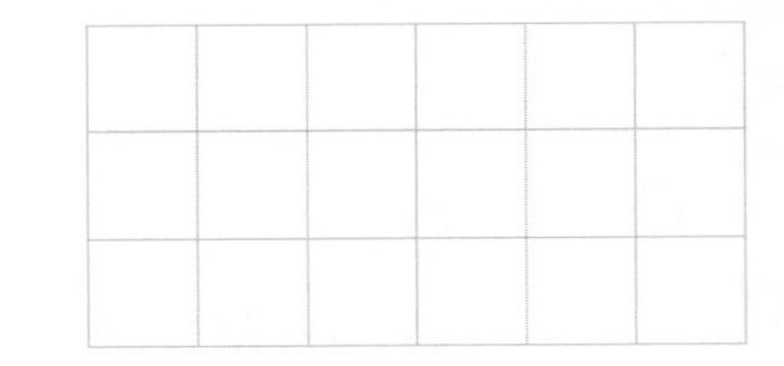

⓬ $53.21-37.624$

자릿수가 다른 소수의 뺄셈(5)

소수점끼리 맞춘 후 받아내림에 주의하여 뺄셈을 해요.

계산해 보세요.

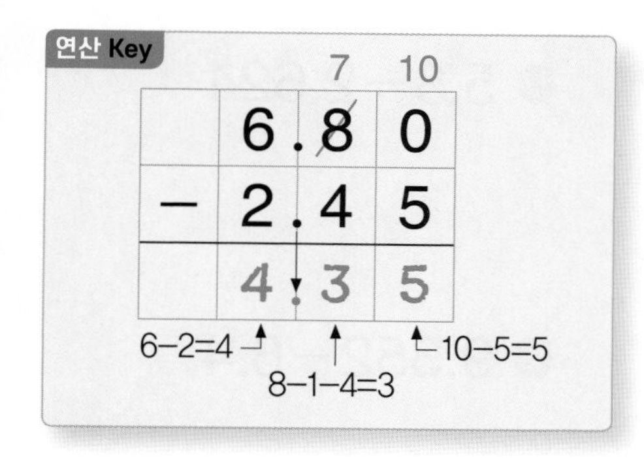

❶ $7 - 2.8$

❷ $8.2 - 5$

❸ $13 - 4.52$

❹ $35.14 - 19$

❺ $5.4 - 1.63$

❻ $7.24 - 4.6$

❼ $8.3 - 3.49$

❽ $13.54 - 6.8$

❾ $25.8 - 18.23$

❿ $32.54 - 19.7$

⓫ $7.454 - 2.6$

⓬ $8.3 - 4.749$

⓭ $17.259 - 8.67$

⓮ $46.83 - 25.958$

5 DAY

자릿수가 다른 소수의 뺄셈(5)

계산해 보세요.

❶ $6-1.3$

❷ $7.6-2$

❸ $8-2.56$

❹ $13.72-8$

❺ $16-5.8$

❻ $26.8-17$

❼ $43-8.45$

❽ $29.28-17.4$

❾ $7.6-1.95$

❿ $0.84-0.5$

⓫ $2.4-1.27$

⓬ $8.36-4.6$

⓭ $26.7-18.93$

⓮ $53.12-37.8$

⓯ $14.6-7.58$

⓰ $35.06-22.78$

⓱ $5.3-2.624$

⓲ $9.352-6.4$

⓳ $26.2-12.753$

⓴ $46.325-16.5$

㉑ $5.92-3.657$

㉒ $9.284-6.95$

㉓ $63.05-38.472$

㉔ $57.458-25.67$

대한민국을 충격에 빠트린 아이들의 문해력 위기의 해답!

2021년
EBS 특별기획
최고의 화제작!

문해력 향상의
실질적인
솔루션 제시!

서울대
최나야 교수
오은 시인
강력 추천!

읽기와 쓰기부터 어휘력과 독서법까지
아이의 문해력 발달을 도우려는 부모를 위한 최고의 지침서

EBS

초 | 등 | 부 | 터 EBS

정답

단계별 기초 학습
코어 강화 프로그램

주제별 5일 구성, 매일 2쪽으로 키우는 계산력

만점왕 연산 8단계

초등 4학년

정답

만점왕 연산 8단계

1 분수의 덧셈(1)

1 DAY (진분수)+(진분수)(1)

11쪽

① $\frac{2}{3}$ ② $\frac{3}{4}$ ③ $\frac{4}{5}$ ④ $\frac{5}{6}$ ⑤ $\frac{6}{7}$ ⑥ $\frac{7}{8}$ ⑦ $\frac{5}{8}$ ⑧ $\frac{5}{9}$ ⑨ $\frac{8}{9}$ ⑩ $\frac{8}{10}$ ⑪ $\frac{7}{10}$ ⑫ $\frac{6}{11}$ ⑬ $\frac{10}{11}$ ⑭ $\frac{10}{12}$ ⑮ $\frac{9}{12}$ ⑯ $\frac{7}{13}$ ⑰ $\frac{12}{13}$ ⑱ $\frac{11}{14}$ ⑲ $\frac{10}{14}$ ⑳ $\frac{11}{15}$ ㉑ $\frac{14}{15}$ ㉒ $\frac{13}{16}$

12쪽

① $\frac{2}{4}$ ② $\frac{2}{5}$ ③ $\frac{4}{6}$ ④ $\frac{5}{6}$ ⑤ $\frac{6}{7}$ ⑥ $\frac{6}{7}$ ⑦ $\frac{7}{8}$ ⑧ $\frac{6}{9}$ ⑨ $\frac{7}{9}$ ⑩ $\frac{7}{10}$ ⑪ $\frac{9}{10}$ ⑫ $\frac{9}{11}$ ⑬ $\frac{7}{11}$ ⑭ $\frac{7}{12}$ ⑮ $\frac{11}{12}$ ⑯ $\frac{10}{13}$ ⑰ $\frac{10}{13}$ ⑱ $\frac{13}{14}$ ⑲ $\frac{11}{14}$ ⑳ $\frac{7}{15}$ ㉑ $\frac{13}{15}$ ㉒ $\frac{15}{16}$ ㉓ $\frac{14}{16}$ ㉔ $\frac{10}{17}$

2 DAY (진분수)+(진분수)(2)

13쪽

① $\frac{4}{5}$ ② $\frac{6}{8}$ ③ $\frac{8}{11}$ ④ $\frac{11}{13}$ ⑤ $\frac{9}{17}$ ⑥ $\frac{18}{21}$ ⑦ $\frac{3}{6}$ ⑧ $\frac{7}{8}$ ⑨ $\frac{13}{14}$ ⑩ $\frac{8}{19}$ ⑪ $\frac{17}{23}$ ⑫ $\frac{10}{18}$ ⑬ $\frac{8}{12}$ ⑭ $\frac{11}{20}$ ⑮ $\frac{5}{7}$ ⑯ $\frac{4}{9}$ ⑰ $\frac{6}{10}$ ⑱ $\frac{11}{22}$ ⑲ $\frac{19}{24}$ ⑳ $\frac{12}{15}$ ㉑ $\frac{21}{25}$ ㉒ $\frac{14}{16}$

14쪽

① $\frac{4}{6}$ ② $\frac{8}{10}$ ③ $\frac{6}{7}$ ④ $\frac{19}{23}$ ⑤ $\frac{17}{18}$ ⑥ $\frac{5}{9}$ ⑦ $\frac{9}{11}$ ⑧ $\frac{9}{20}$ ⑨ $\frac{5}{7}$ ⑩ $\frac{9}{10}$ ⑪ $\frac{8}{9}$ ⑫ $\frac{17}{19}$ ⑬ $\frac{11}{14}$ ⑭ $\frac{20}{22}$ ⑮ $\frac{11}{12}$ ⑯ $\frac{16}{17}$ ⑰ $\frac{5}{8}$ ⑱ $\frac{13}{24}$ ⑲ $\frac{9}{12}$ ⑳ $\frac{12}{15}$ ㉑ $\frac{23}{27}$ ㉒ $\frac{13}{16}$ ㉓ $\frac{12}{13}$ ㉔ $\frac{16}{25}$

3 DAY (진분수)+(진분수)(3)

15쪽

❶ $1\frac{1}{3}$	❻ $1\frac{1}{7}$	⓫ $1\frac{1}{10}$	⓰ $1\frac{2}{12}$	㉑ $1\frac{1}{15}$
❷ $1\frac{2}{5}$	❼ $1\frac{2}{8}$	⓬ $1\frac{4}{10}$	⓱ $1\frac{3}{13}$	㉒ $1\frac{3}{15}$
❸ $1\frac{1}{6}$	❽ $1\frac{3}{8}$	⓭ $1\frac{1}{11}$	⓲ $1\frac{2}{13}$	
❹ $1\frac{2}{6}$	❾ $1\frac{1}{9}$	⓮ $1\frac{6}{11}$	⓳ $1\frac{1}{14}$	
❺ $1\frac{2}{7}$	❿ $1\frac{4}{9}$	⓯ $1\frac{1}{12}$	⓴ $1\frac{5}{14}$	

16쪽

❶ $1\frac{1}{4}$	❻ $1\frac{2}{7}$	⓫ $1\frac{4}{10}$	⓰ $1\frac{2}{12}$	㉑ $1\frac{5}{15}$
❷ $1\frac{1}{5}$	❼ $1\frac{1}{8}$	⓬ $1\frac{5}{10}$	⓱ $1\frac{2}{13}$	㉒ $1\frac{5}{15}$
❸ $1\frac{1}{6}$	❽ $1\frac{4}{8}$	⓭ $1\frac{2}{11}$	⓲ $1\frac{5}{13}$	㉓ $1\frac{4}{16}$
❹ $1\frac{3}{6}$	❾ $1\frac{3}{9}$	⓮ $1\frac{4}{11}$	⓳ $1\frac{1}{14}$	㉔ $1\frac{7}{17}$
❺ $1\frac{1}{7}$	❿ $1\frac{2}{9}$	⓯ $1\frac{2}{12}$	⓴ $1\frac{3}{14}$	

4 DAY (진분수)+(진분수)(4)

17쪽

❶ $1\frac{2}{4}$	❻ $1\frac{2}{17}$	⓫ $1\frac{2}{19}$	⓰ $1\frac{2}{9}$	㉑ $1\frac{4}{18}$
❷ $1\frac{2}{8}$	❼ $1\frac{3}{5}$	⓬ $1\frac{2}{10}$	⓱ $1\frac{1}{12}$	㉒ $1\frac{7}{24}$
❸ $1\frac{1}{11}$	❽ $1\frac{1}{7}$	⓭ $1\frac{1}{16}$	⓲ $1\frac{4}{22}$	
❹ $1\frac{1}{10}$	❾ $1\frac{2}{9}$	⓮ $1\frac{3}{20}$	⓳ $1\frac{5}{13}$	
❺ $1\frac{4}{14}$	❿ $1\frac{4}{21}$	⓯ $1\frac{1}{6}$	⓴ $1\frac{3}{15}$	

18쪽

❶ $1\frac{1}{5}$	❻ $1\frac{2}{17}$	⓫ $1\frac{1}{10}$	⓰ $1\frac{4}{22}$	㉑ $1\frac{2}{14}$
❷ $1\frac{3}{9}$	❼ $1\frac{2}{13}$	⓬ $1\frac{5}{20}$	⓱ $1\frac{1}{6}$	㉒ $1\frac{4}{24}$
❸ $1\frac{4}{12}$	❽ $1\frac{1}{18}$	⓭ $1\frac{2}{11}$	⓲ $1\frac{5}{8}$	㉓ $1\frac{1}{15}$
❹ $1\frac{2}{16}$	❾ $1\frac{5}{9}$	⓮ $1\frac{2}{21}$	⓳ $1\frac{3}{23}$	㉔ $1\frac{2}{25}$
❺ $1\frac{4}{19}$	❿ $1\frac{3}{7}$	⓯ $1\frac{2}{12}$	⓴ $1\frac{5}{13}$	

5 DAY (진분수)+(진분수)(5)

19쪽

❶ 1	❻ $\frac{3}{7}$	⓫ $1\frac{1}{9}$	⓰ $1\frac{3}{12}$
❷ $\frac{3}{5}$	❼ $1\frac{4}{7}$	⓬ $\frac{7}{10}$	⓱ $1\frac{4}{13}$
❸ $1\frac{2}{5}$	❽ $\frac{7}{8}$	⓭ $1\frac{4}{10}$	⓲ $1\frac{3}{14}$
❹ $\frac{4}{6}$	❾ $1\frac{4}{8}$	⓮ $\frac{9}{11}$	
❺ $1\frac{3}{6}$	❿ $\frac{5}{9}$	⓯ $1\frac{5}{11}$	

20쪽

❶ 1	❻ $1\frac{8}{10}$	⓫ $1\frac{4}{16}$	⓰ $\frac{11}{13}$	㉑ $1\frac{3}{19}$
❷ $\frac{5}{8}$	❼ $\frac{16}{17}$	⓬ $1\frac{1}{15}$	⓱ $1\frac{5}{14}$	
❸ $\frac{11}{12}$	❽ $1\frac{1}{4}$	⓭ $1\frac{1}{7}$	⓲ $\frac{9}{10}$	
❹ $\frac{5}{6}$	❾ $1\frac{3}{8}$	⓮ $1\frac{3}{17}$	⓳ $1\frac{2}{11}$	
❺ $1\frac{4}{15}$	❿ $\frac{8}{9}$	⓯ $1\frac{1}{5}$	⓴ $\frac{15}{18}$	

2 분수의 뺄셈(1)

1 DAY (진분수)−(진분수)(1)

23쪽

❶ $\frac{1}{3}$ ❷ $\frac{1}{5}$ ❸ $\frac{3}{5}$ ❹ $\frac{2}{6}$ ❺ $\frac{3}{6}$
❻ $\frac{2}{7}$ ❼ $\frac{2}{8}$ ❽ $\frac{5}{8}$ ❾ $\frac{5}{9}$ ❿ $\frac{4}{9}$
⓫ $\frac{4}{10}$ ⓬ $\frac{5}{10}$ ⓭ $\frac{3}{11}$ ⓮ $\frac{7}{11}$ ⓯ $\frac{3}{12}$
⓰ $\frac{3}{12}$ ⓱ $\frac{5}{13}$ ⓲ $\frac{5}{13}$ ⓳ $\frac{6}{14}$ ⓴ $\frac{4}{14}$
㉑ $\frac{2}{15}$ ㉒ $\frac{7}{15}$

24쪽

❶ $\frac{1}{4}$ ❷ $\frac{2}{5}$ ❸ $\frac{1}{6}$ ❹ $\frac{4}{6}$ ❺ $\frac{2}{7}$
❻ $\frac{4}{7}$ ❼ $\frac{2}{8}$ ❽ $\frac{4}{8}$ ❾ $\frac{3}{9}$ ❿ $\frac{3}{10}$
⓫ $\frac{6}{10}$ ⓬ $\frac{4}{11}$ ⓭ $\frac{5}{11}$ ⓮ $\frac{3}{12}$ ⓯ $\frac{4}{12}$
⓰ $\frac{1}{13}$ ⓱ $\frac{5}{13}$ ⓲ $\frac{1}{14}$ ⓳ $\frac{5}{14}$ ⓴ $\frac{2}{15}$
㉑ $\frac{8}{15}$ ㉒ $\frac{3}{16}$ ㉓ $\frac{5}{16}$ ㉔ $\frac{7}{17}$

2 DAY (진분수)−(진분수)(2)

25쪽

❶ $\frac{2}{5}$ ❷ $\frac{2}{6}$ ❸ $\frac{3}{7}$ ❹ $\frac{1}{10}$ ❺ $\frac{2}{14}$
❻ $\frac{8}{19}$ ❼ $\frac{6}{9}$ ❽ $\frac{3}{23}$ ❾ $\frac{5}{20}$ ❿ $\frac{8}{16}$
⓫ $\frac{6}{21}$ ⓬ $\frac{9}{17}$ ⓭ $\frac{3}{22}$ ⓮ $\frac{8}{24}$ ⓯ $\frac{4}{8}$
⓰ $\frac{6}{13}$ ⓱ $\frac{3}{8}$ ⓲ $\frac{1}{15}$ ⓳ $\frac{6}{25}$ ⓴ $\frac{7}{11}$
㉑ $\frac{7}{12}$ ㉒ $\frac{7}{18}$

26쪽

❶ $\frac{3}{6}$ ❷ $\frac{1}{7}$ ❸ $\frac{5}{17}$ ❹ $\frac{5}{10}$ ❺ $\frac{7}{18}$
❻ $\frac{5}{24}$ ❼ $\frac{5}{19}$ ❽ $\frac{3}{10}$ ❾ $\frac{1}{8}$ ❿ $\frac{8}{20}$
⓫ $\frac{1}{11}$ ⓬ $\frac{7}{21}$ ⓭ $\frac{3}{12}$ ⓮ $\frac{4}{22}$ ⓯ $\frac{16}{23}$
⓰ $\frac{4}{13}$ ⓱ $\frac{2}{9}$ ⓲ $\frac{4}{14}$ ⓳ $\frac{7}{15}$ ⓴ $\frac{5}{25}$
㉑ $\frac{8}{16}$ ㉒ $\frac{9}{26}$ ㉓ $\frac{2}{17}$ ㉔ $\frac{7}{27}$

3 DAY 1−(진분수)(1)

27쪽

① $\frac{1}{2}$ ② $\frac{2}{3}$ ③ $\frac{1}{4}$ ④ $\frac{3}{5}$ ⑤ $\frac{1}{5}$
⑥ $\frac{4}{6}$ ⑦ $\frac{2}{6}$ ⑧ $\frac{6}{7}$ ⑨ $\frac{2}{7}$ ⑩ $\frac{5}{8}$
⑪ $\frac{2}{8}$ ⑫ $\frac{7}{9}$ ⑬ $\frac{2}{9}$ ⑭ $\frac{7}{10}$ ⑮ $\frac{2}{10}$
⑯ $\frac{7}{11}$ ⑰ $\frac{2}{11}$ ⑱ $\frac{7}{12}$ ⑲ $\frac{2}{12}$ ⑳ $\frac{5}{13}$
㉑ $\frac{7}{14}$ ㉒ $\frac{6}{15}$

28쪽

① $\frac{1}{3}$ ② $\frac{3}{4}$ ③ $\frac{2}{5}$ ④ $\frac{5}{6}$ ⑤ $\frac{5}{7}$
⑥ $\frac{3}{7}$ ⑦ $\frac{4}{8}$ ⑧ $\frac{8}{9}$ ⑨ $\frac{6}{9}$ ⑩ $\frac{8}{10}$
⑪ $\frac{3}{10}$ ⑫ $\frac{8}{11}$ ⑬ $\frac{5}{11}$ ⑭ $\frac{8}{12}$ ⑮ $\frac{3}{12}$
⑯ $\frac{7}{13}$ ⑰ $\frac{3}{13}$ ⑱ $\frac{9}{14}$ ⑲ $\frac{3}{14}$ ⑳ $\frac{9}{15}$
㉑ $\frac{5}{15}$ ㉒ $\frac{7}{16}$ ㉓ $\frac{5}{16}$ ㉔ $\frac{9}{17}$

4 DAY 1−(진분수)(2)

29쪽

① $\frac{4}{7}$ ② $\frac{9}{11}$ ③ $\frac{5}{14}$ ④ $\frac{13}{21}$ ⑤ $\frac{8}{15}$
⑥ $\frac{5}{20}$ ⑦ $\frac{3}{8}$ ⑧ $\frac{1}{9}$ ⑨ $\frac{9}{12}$ ⑩ $\frac{15}{22}$
⑪ $\frac{11}{13}$ ⑫ $\frac{18}{23}$ ⑬ $\frac{2}{13}$ ⑭ $\frac{16}{24}$ ⑮ $\frac{5}{9}$
⑯ $\frac{6}{10}$ ⑰ $\frac{12}{25}$ ⑱ $\frac{14}{16}$ ⑲ $\frac{8}{26}$ ⑳ $\frac{10}{17}$
㉑ $\frac{6}{19}$ ㉒ $\frac{7}{18}$

30쪽

① $\frac{1}{7}$ ② $\frac{6}{8}$ ③ $\frac{4}{9}$ ④ $\frac{9}{20}$ ⑤ $\frac{1}{10}$
⑥ $\frac{6}{11}$ ⑦ $\frac{11}{21}$ ⑧ $\frac{16}{24}$ ⑨ $\frac{2}{4}$ ⑩ $\frac{9}{13}$
⑪ $\frac{6}{23}$ ⑫ $\frac{8}{17}$ ⑬ $\frac{10}{12}$ ⑭ $\frac{6}{19}$ ⑮ $\frac{17}{22}$
⑯ $\frac{5}{21}$ ⑰ $\frac{4}{5}$ ⑱ $\frac{6}{16}$ ⑲ $\frac{10}{14}$ ⑳ $\frac{12}{27}$
㉑ $\frac{9}{18}$ ㉒ $\frac{11}{15}$ ㉓ $\frac{9}{20}$ ㉔ $\frac{13}{25}$

5 DAY 진분수의 뺄셈

31쪽

① $\frac{1}{4}$ ② $\frac{4}{5}$ ③ $\frac{2}{5}$ ④ $\frac{4}{6}$ ⑤ $\frac{3}{7}$
⑥ $\frac{1}{7}$ ⑦ $\frac{3}{8}$ ⑧ $\frac{1}{8}$ ⑨ $\frac{4}{9}$ ⑩ $\frac{3}{9}$
⑪ $\frac{3}{10}$ ⑫ $\frac{7}{10}$ ⑬ $\frac{5}{11}$ ⑭ $\frac{4}{11}$ ⑮ $\frac{4}{12}$
⑯ $\frac{6}{12}$ ⑰ $\frac{9}{13}$ ⑱ $\frac{8}{14}$

32쪽

① $\frac{2}{4}$ ② $\frac{4}{9}$ ③ $\frac{7}{12}$ ④ $\frac{2}{7}$ ⑤ $\frac{6}{19}$
⑥ $\frac{5}{18}$ ⑦ $\frac{5}{8}$ ⑧ $\frac{1}{5}$ ⑨ $\frac{9}{18}$ ⑩ $\frac{4}{10}$
⑪ $\frac{14}{20}$ ⑫ $\frac{3}{15}$ ⑬ $\frac{12}{21}$ ⑭ $\frac{4}{17}$ ⑮ $\frac{4}{6}$
⑯ $\frac{6}{13}$ ⑰ $\frac{6}{14}$ ⑱ $\frac{6}{11}$ ⑲ $\frac{7}{16}$ ⑳ $\frac{5}{22}$
㉑ $\frac{8}{23}$

3 분수의 덧셈(2)

1 DAY 대분수의 덧셈(1)

35쪽

❶ $3\frac{2}{3}$ ❷ $5\frac{2}{4}$ ❸ $5\frac{4}{5}$ ❹ $4\frac{4}{5}$ ❺ $3\frac{5}{6}$

❻ $5\frac{4}{6}$ ❼ $3\frac{4}{7}$ ❽ $4\frac{6}{7}$ ❾ $3\frac{5}{8}$ ❿ $4\frac{7}{8}$

⓫ $3\frac{7}{9}$ ⓬ $3\frac{7}{9}$ ⓭ $2\frac{9}{10}$ ⓮ $4\frac{7}{10}$ ⓯ $3\frac{8}{11}$

⓰ $3\frac{7}{11}$ ⓱ $7\frac{10}{12}$ ⓲ $6\frac{7}{12}$ ⓳ $4\frac{11}{13}$ ⓴ $4\frac{10}{14}$

㉑ $3\frac{14}{15}$

36쪽

❶ $5\frac{3}{4}$ ❷ $4\frac{3}{5}$ ❸ $5\frac{4}{6}$ ❹ $4\frac{4}{6}$ ❺ $2\frac{6}{7}$

❻ $3\frac{6}{7}$ ❼ $2\frac{5}{8}$ ❽ $6\frac{7}{8}$ ❾ $4\frac{7}{9}$ ❿ $5\frac{6}{9}$

⓫ $2\frac{9}{10}$ ⓬ $5\frac{7}{10}$ ⓭ $3\frac{10}{11}$ ⓮ $4\frac{9}{11}$ ⓯ $5\frac{10}{12}$

⓰ $5\frac{11}{12}$ ⓱ $3\frac{9}{13}$ ⓲ $4\frac{10}{13}$ ⓳ $3\frac{11}{14}$ ⓴ $4\frac{13}{14}$

㉑ $2\frac{12}{15}$ ㉒ $8\frac{9}{15}$ ㉓ $4\frac{14}{16}$ ㉔ $5\frac{13}{16}$

2 DAY 대분수의 덧셈(2)

37쪽

❶ $5\frac{3}{4}$ ❷ $5\frac{6}{7}$ ❸ $3\frac{7}{10}$ ❹ $5\frac{11}{18}$ ❺ $4\frac{18}{20}$ ❻ $5\frac{4}{5}$

❼ $5\frac{5}{6}$ ❽ $3\frac{9}{12}$ ❾ $5\frac{13}{14}$ ❿ $2\frac{8}{11}$ ⓫ $3\frac{12}{15}$ ⓬ $6\frac{20}{21}$

⓭ $7\frac{13}{24}$ ⓮ $3\frac{7}{8}$ ⓯ $6\frac{8}{9}$ ⓰ $3\frac{11}{13}$ ⓱ $5\frac{16}{17}$ ⓲ $5\frac{14}{16}$

⓳ $4\frac{17}{19}$ ⓴ $5\frac{16}{22}$ ㉑ $2\frac{19}{23}$

38쪽

❶ $6\frac{2}{3}$ ❷ $3\frac{7}{10}$ ❸ $6\frac{6}{7}$ ❹ $5\frac{12}{14}$ ❺ $4\frac{8}{12}$ ❻ $5\frac{20}{23}$

❼ $3\frac{14}{15}$ ❽ $4\frac{21}{26}$ ❾ $3\frac{5}{6}$ ❿ $7\frac{4}{5}$ ⓫ $3\frac{7}{8}$ ⓬ $3\frac{8}{19}$

⓭ $7\frac{13}{18}$ ⓮ $3\frac{19}{20}$ ⓯ $5\frac{16}{17}$ ⓰ $3\frac{17}{25}$ ⓱ $7\frac{3}{4}$ ⓲ $3\frac{7}{9}$

⓳ $3\frac{11}{13}$ ⓴ $3\frac{15}{22}$ ㉑ $5\frac{10}{11}$ ㉒ $8\frac{12}{16}$ ㉓ $5\frac{14}{21}$ ㉔ $4\frac{13}{24}$

3 DAY 대분수의 덧셈(3)

39쪽

① $6\frac{1}{3}$	⑥ $9\frac{1}{6}$	⑪ $4\frac{6}{9}$	⑯ $6\frac{1}{12}$	㉑ $7\frac{2}{15}$
② $5\frac{2}{4}$	⑦ $6\frac{1}{7}$	⑫ $7\frac{2}{9}$	⑰ $8\frac{2}{12}$	
③ $6\frac{1}{5}$	⑧ $6\frac{3}{7}$	⑬ $8\frac{2}{10}$	⑱ $6\frac{3}{13}$	
④ $4\frac{2}{5}$	⑨ $5\frac{1}{8}$	⑭ $4\frac{1}{11}$	⑲ $7\frac{2}{13}$	
⑤ $3\frac{1}{6}$	⑩ $6\frac{4}{8}$	⑮ $8\frac{6}{11}$	⑳ $6\frac{1}{14}$	

40쪽

① $9\frac{1}{4}$	⑥ $4\frac{5}{11}$	⑪ $3\frac{3}{19}$	⑯ $4\frac{1}{24}$	㉑ $4\frac{5}{26}$
② $6\frac{1}{7}$	⑦ $8\frac{2}{15}$	⑫ $5\frac{3}{18}$	⑰ $5\frac{1}{6}$	㉒ $7\frac{6}{13}$
③ $4\frac{4}{11}$	⑧ $4\frac{10}{23}$	⑬ $6\frac{3}{14}$	⑱ $7\frac{2}{8}$	㉓ $8\frac{8}{22}$
④ $5\frac{3}{16}$	⑨ $5\frac{1}{5}$	⑭ $5\frac{5}{17}$	⑲ $5\frac{2}{12}$	㉔ $4\frac{5}{25}$
⑤ $6\frac{4}{20}$	⑩ $5\frac{2}{9}$	⑮ $3\frac{12}{21}$	⑳ $3\frac{1}{10}$	

4 DAY 대분수의 덧셈(4)

41쪽

① $4\frac{2}{4}$	⑥ $5\frac{2}{7}$	⑪ $5\frac{4}{10}$	⑯ $5\frac{5}{13}$	㉑ $7\frac{5}{17}$
② $5\frac{2}{5}$	⑦ $4\frac{4}{8}$	⑫ $5\frac{2}{11}$	⑰ $3\frac{2}{13}$	
③ $4\frac{3}{5}$	⑧ $5\frac{2}{8}$	⑬ $4\frac{5}{11}$	⑱ $4\frac{4}{14}$	
④ $5\frac{2}{6}$	⑨ $6\frac{1}{9}$	⑭ $3\frac{4}{12}$	⑲ $4\frac{1}{15}$	
⑤ $4\frac{2}{7}$	⑩ $4\frac{4}{9}$	⑮ $4\frac{1}{12}$	⑳ $4\frac{5}{16}$	

42쪽

① $4\frac{2}{5}$	⑥ $3\frac{1}{11}$	⑪ $4\frac{5}{10}$	⑯ $5\frac{7}{25}$	㉑ $3\frac{6}{19}$
② $5\frac{4}{9}$	⑦ $3\frac{3}{23}$	⑫ $2\frac{4}{13}$	⑰ $3\frac{1}{6}$	㉒ $3\frac{1}{21}$
③ $5\frac{4}{12}$	⑧ $3\frac{11}{27}$	⑬ $5\frac{8}{16}$	⑱ $5\frac{1}{8}$	㉓ $6\frac{2}{24}$
④ $5\frac{1}{15}$	⑨ $6\frac{1}{4}$	⑭ $4\frac{5}{20}$	⑲ $4\frac{5}{14}$	㉔ $5\frac{11}{26}$
⑤ $5\frac{3}{18}$	⑩ $3\frac{4}{7}$	⑮ $4\frac{9}{22}$	⑳ $5\frac{4}{17}$	

5 DAY 대분수의 덧셈(5)

43쪽

① $4\frac{3}{4}$	⑥ $6\frac{5}{9}$	⑪ $4\frac{13}{14}$	⑯ $3\frac{14}{19}$	㉑ $2\frac{20}{24}$
② $3\frac{4}{5}$	⑦ $6\frac{1}{10}$	⑫ $3\frac{6}{15}$	⑰ $4\frac{7}{20}$	
③ $5\frac{3}{6}$	⑧ $3\frac{8}{11}$	⑬ $4\frac{1}{16}$	⑱ $7\frac{12}{21}$	
④ 4	⑨ $4\frac{1}{12}$	⑭ $3\frac{13}{17}$	⑲ $5\frac{2}{22}$	
⑤ $5\frac{7}{8}$	⑩ $4\frac{4}{13}$	⑮ $5\frac{3}{18}$	⑳ $3\frac{13}{23}$	

44쪽

① $6\frac{1}{3}$	⑥ $3\frac{5}{16}$	⑪ $5\frac{9}{10}$	⑯ $4\frac{3}{17}$	㉑ $8\frac{5}{14}$
② $5\frac{1}{4}$	⑦ $7\frac{11}{23}$	⑫ $7\frac{4}{8}$	⑰ $4\frac{5}{8}$	㉒ $5\frac{19}{22}$
③ $4\frac{1}{7}$	⑧ $5\frac{3}{19}$	⑬ $4\frac{2}{11}$	⑱ $6\frac{3}{13}$	㉓ $3\frac{17}{18}$
④ $6\frac{11}{12}$	⑨ $4\frac{5}{6}$	⑭ $3\frac{15}{20}$	⑲ $6\frac{3}{9}$	㉔ $5\frac{1}{21}$
⑤ $5\frac{3}{9}$	⑩ $8\frac{1}{5}$	⑮ $6\frac{4}{15}$	⑳ $6\frac{1}{10}$	

4 분수의 뺄셈(2)

1 DAY 분수끼리 뺄 수 있는 대분수의 뺄셈(1)

47쪽

❶ $1\frac{1}{3}$ ❷ $2\frac{1}{4}$ ❸ $2\frac{3}{5}$ ❹ $1\frac{2}{6}$ ❺ $1\frac{3}{7}$
❻ $2\frac{2}{7}$ ❼ $2\frac{3}{8}$ ❽ $1\frac{2}{9}$ ❾ $3\frac{5}{9}$ ❿ $2\frac{3}{10}$
⓫ $3\frac{4}{10}$ ⓬ $1\frac{5}{11}$ ⓭ $1\frac{6}{11}$ ⓮ $2\frac{6}{12}$ ⓯ $3\frac{3}{12}$
⓰ $3\frac{9}{13}$ ⓱ $2\frac{5}{13}$ ⓲ $1\frac{4}{14}$ ⓳ $4\frac{7}{14}$ ⓴ $2\frac{2}{15}$
㉑ $4\frac{5}{15}$

48쪽

❶ $3\frac{2}{4}$ ❷ $1\frac{2}{5}$ ❸ $3\frac{3}{6}$ ❹ $3\frac{1}{6}$ ❺ $2\frac{2}{7}$
❻ $2\frac{3}{7}$ ❼ $1\frac{3}{8}$ ❽ $2\frac{4}{8}$ ❾ $1\frac{6}{9}$ ❿ $1\frac{1}{9}$
⓫ $2\frac{5}{10}$ ⓬ $2\frac{2}{11}$ ⓭ $1\frac{4}{12}$ ⓮ $3\frac{6}{13}$ ⓯ $1\frac{7}{14}$
⓰ $1\frac{2}{15}$ ⓱ $2\frac{4}{16}$ ⓲ $3\frac{5}{17}$ ⓳ $2\frac{5}{18}$ ⓴ $3\frac{5}{18}$
㉑ $2\frac{8}{19}$ ㉒ $2\frac{5}{20}$ ㉓ $3\frac{3}{20}$ ㉔ $1\frac{12}{21}$

2 DAY 분수끼리 뺄 수 있는 대분수의 뺄셈(2)

49쪽

❶ $2\frac{1}{4}$ ❷ $5\frac{1}{5}$ ❸ $2\frac{2}{6}$ ❹ $3\frac{4}{7}$ ❺ $4\frac{5}{8}$
❻ $3\frac{2}{9}$ ❼ $5\frac{4}{10}$ ❽ $4\frac{2}{11}$ ❾ $5\frac{3}{12}$ ❿ $3\frac{5}{13}$
⓫ $2\frac{3}{14}$ ⓬ $6\frac{8}{15}$ ⓭ $2\frac{4}{16}$ ⓮ $5\frac{8}{17}$ ⓯ $4\frac{7}{18}$
⓰ $1\frac{4}{19}$ ⓱ $2\frac{7}{20}$ ⓲ $4\frac{9}{21}$ ⓳ $2\frac{4}{22}$ ⓴ $3\frac{5}{23}$
㉑ $3\frac{6}{24}$

50쪽

❶ $4\frac{1}{3}$ ❷ $1\frac{7}{10}$ ❸ $6\frac{1}{7}$ ❹ $2\frac{3}{14}$ ❺ $3\frac{4}{12}$
❻ $4\frac{3}{23}$ ❼ $1\frac{9}{15}$ ❽ $5\frac{5}{26}$ ❾ $1\frac{3}{6}$ ❿ $3\frac{1}{5}$
⓫ $2\frac{3}{8}$ ⓬ $4\frac{9}{19}$ ⓭ $3\frac{8}{18}$ ⓮ $6\frac{5}{20}$ ⓯ $4\frac{6}{17}$
⓰ $2\frac{5}{25}$ ⓱ $5\frac{2}{4}$ ⓲ $3\frac{5}{9}$ ⓳ $2\frac{6}{13}$ ⓴ $4\frac{13}{22}$
㉑ $4\frac{4}{11}$ ㉒ $2\frac{4}{16}$ ㉓ $4\frac{4}{21}$ ㉔ $5\frac{12}{24}$

3 DAY 분수끼리 뺄 수 있는 대분수의 뺄셈(3)

51쪽

① $2\frac{1}{3}$ ② $3\frac{1}{4}$ ③ $1\frac{1}{5}$ ④ $2\frac{1}{5}$ ⑤ $1\frac{1}{6}$
⑥ $3\frac{2}{6}$ ⑦ $1\frac{2}{7}$ ⑧ $3\frac{1}{7}$ ⑨ $1\frac{3}{8}$ ⑩ $4\frac{4}{8}$
⑪ $1\frac{3}{9}$ ⑫ $3\frac{3}{9}$ ⑬ $1\frac{5}{10}$ ⑭ $1\frac{2}{10}$ ⑮ $1\frac{7}{11}$
⑯ $2\frac{6}{11}$ ⑰ $1\frac{4}{12}$ ⑱ $3\frac{8}{12}$ ⑲ $1\frac{5}{13}$ ⑳ $3\frac{5}{13}$
㉑ $1\frac{4}{14}$

52쪽

① $4\frac{1}{4}$ ② $1\frac{4}{7}$ ③ $1\frac{2}{11}$ ④ $3\frac{6}{16}$ ⑤ $2\frac{8}{20}$
⑥ $3\frac{3}{11}$ ⑦ $1\frac{4}{15}$ ⑧ $1\frac{9}{23}$ ⑨ $2\frac{1}{5}$ ⑩ $1\frac{4}{9}$
⑪ $\frac{7}{19}$ ⑫ $2\frac{7}{18}$ ⑬ $2\frac{7}{14}$ ⑭ $1\frac{6}{17}$ ⑮ $3\frac{3}{21}$
⑯ $3\frac{6}{24}$ ⑰ $2\frac{3}{6}$ ⑱ $4\frac{2}{8}$ ⑲ $2\frac{2}{12}$ ⑳ $4\frac{6}{10}$
㉑ $1\frac{4}{26}$ ㉒ $5\frac{5}{13}$ ㉓ $1\frac{8}{22}$ ㉔ $3\frac{9}{25}$

4 DAY 분수끼리 뺄 수 있는 대분수의 뺄셈(4)

53쪽

① $2\frac{1}{3}$ ② $2\frac{1}{4}$ ③ $1\frac{1}{5}$ ④ $2\frac{1}{5}$ ⑤ $2\frac{2}{6}$
⑥ $1\frac{3}{7}$ ⑦ $2\frac{1}{7}$ ⑧ $1\frac{2}{8}$ ⑨ $2\frac{3}{8}$ ⑩ $1\frac{4}{9}$
⑪ $1\frac{3}{9}$ ⑫ $2\frac{2}{10}$ ⑬ $3\frac{2}{10}$ ⑭ $3\frac{1}{11}$ ⑮ $2\frac{2}{12}$
⑯ $2\frac{1}{12}$ ⑰ $\frac{7}{13}$ ⑱ $2\frac{10}{13}$ ⑲ $1\frac{5}{14}$ ⑳ $2\frac{2}{15}$
㉑ $2\frac{7}{16}$

54쪽

① $1\frac{1}{5}$ ② $2\frac{2}{9}$ ③ $1\frac{3}{13}$ ④ $1\frac{5}{14}$ ⑤ $2\frac{13}{18}$
⑥ $1\frac{4}{12}$ ⑦ $2\frac{2}{23}$ ⑧ $1\frac{8}{27}$ ⑨ $3\frac{1}{4}$ ⑩ $\frac{2}{7}$
⑪ $2\frac{3}{10}$ ⑫ $1\frac{5}{11}$ ⑬ $1\frac{3}{16}$ ⑭ $2\frac{8}{20}$ ⑮ $\frac{5}{22}$
⑯ $3\frac{2}{25}$ ⑰ $2\frac{3}{6}$ ⑱ $1\frac{3}{8}$ ⑲ $3\frac{5}{15}$ ⑳ $1\frac{5}{17}$
㉑ $2\frac{2}{19}$ ㉒ $2\frac{6}{21}$ ㉓ $3\frac{12}{24}$ ㉔ $2\frac{7}{26}$

5 DAY 분수끼리 뺄 수 있는 대분수의 뺄셈(5)

55쪽

① $4\frac{1}{4}$ ② $3\frac{3}{5}$ ③ $3\frac{2}{6}$ ④ $2\frac{2}{7}$ ⑤ $2\frac{3}{7}$
⑥ $3\frac{3}{8}$ ⑦ $1\frac{5}{9}$ ⑧ $4\frac{4}{9}$ ⑨ $1\frac{5}{10}$ ⑩ $4\frac{3}{10}$
⑪ $2\frac{2}{11}$ ⑫ $1\frac{8}{12}$ ⑬ $4\frac{2}{12}$ ⑭ $2\frac{7}{13}$ ⑮ $2\frac{5}{13}$
⑯ $2\frac{3}{14}$ ⑰ $3\frac{6}{15}$

56쪽

① $2\frac{2}{4}$ ② $2\frac{2}{5}$ ③ $2\frac{3}{6}$ ④ $2\frac{3}{7}$ ⑤ $2\frac{1}{7}$
⑥ $2\frac{1}{8}$ ⑦ $1\frac{3}{8}$ ⑧ $1\frac{2}{9}$ ⑨ $2\frac{5}{9}$ ⑩ $1\frac{6}{10}$
⑪ $2\frac{3}{10}$ ⑫ $1\frac{6}{11}$ ⑬ $3\frac{3}{11}$ ⑭ $3\frac{10}{12}$ ⑮ $2\frac{3}{12}$
⑯ $4\frac{6}{13}$ ⑰ $1\frac{4}{14}$ ⑱ $3\frac{3}{15}$ ⑲ $1\frac{4}{16}$ ⑳ $1\frac{12}{17}$
㉑ $3\frac{4}{18}$

5 분수의 뺄셈(3)

1 DAY (자연수)-(분수)(1)

59쪽

① $1\frac{2}{3}$ ② $3\frac{2}{4}$ ③ $2\frac{2}{5}$ ④ $5\frac{4}{6}$ ⑤ $1\frac{5}{7}$
⑥ $4\frac{3}{7}$ ⑦ $2\frac{3}{8}$ ⑧ $5\frac{4}{8}$ ⑨ $1\frac{4}{9}$ ⑩ $4\frac{6}{9}$
⑪ $2\frac{6}{10}$ ⑫ $3\frac{3}{10}$ ⑬ $2\frac{3}{11}$ ⑭ $6\frac{6}{11}$ ⑮ $4\frac{5}{12}$
⑯ $6\frac{3}{12}$ ⑰ $3\frac{9}{13}$ ⑱ $4\frac{2}{13}$ ⑲ $2\frac{5}{14}$ ⑳ $5\frac{9}{14}$
㉑ $3\frac{9}{15}$

60쪽

① $4\frac{3}{4}$ ② $1\frac{1}{5}$ ③ $3\frac{5}{6}$ ④ $4\frac{3}{6}$ ⑤ $1\frac{3}{7}$
⑥ $3\frac{2}{7}$ ⑦ $2\frac{7}{8}$ ⑧ $4\frac{5}{8}$ ⑨ $2\frac{7}{9}$ ⑩ $3\frac{3}{9}$
⑪ $1\frac{7}{10}$ ⑫ $2\frac{4}{11}$ ⑬ $4\frac{4}{12}$ ⑭ $3\frac{4}{13}$ ⑮ $5\frac{8}{14}$
⑯ $2\frac{4}{15}$ ⑰ $1\frac{11}{16}$ ⑱ $1\frac{6}{17}$ ⑲ $3\frac{9}{17}$ ⑳ $2\frac{5}{18}$
㉑ $5\frac{12}{19}$ ㉒ $2\frac{8}{20}$ ㉓ $4\frac{13}{20}$ ㉔ $3\frac{6}{21}$

2 DAY (자연수)-(분수)(2)

61쪽

① $1\frac{3}{4}$ ② $2\frac{2}{5}$ ③ $1\frac{5}{6}$ ④ $1\frac{4}{7}$ ⑤ $\frac{4}{8}$
⑥ $1\frac{4}{9}$ ⑦ $1\frac{5}{10}$ ⑧ $1\frac{5}{11}$ ⑨ $2\frac{5}{12}$ ⑩ $1\frac{5}{13}$
⑪ $\frac{3}{14}$ ⑫ $1\frac{8}{15}$ ⑬ $2\frac{7}{16}$ ⑭ $1\frac{13}{17}$ ⑮ $1\frac{15}{18}$
⑯ $2\frac{6}{19}$ ⑰ $\frac{13}{20}$ ⑱ $1\frac{13}{21}$ ⑲ $2\frac{5}{22}$ ⑳ $1\frac{4}{23}$
㉑ $2\frac{9}{24}$

62쪽

① $2\frac{2}{3}$ ② $1\frac{1}{8}$ ③ $2\frac{7}{10}$ ④ $1\frac{6}{14}$ ⑤ $1\frac{13}{19}$
⑥ $2\frac{12}{17}$ ⑦ $1\frac{9}{16}$ ⑧ $1\frac{15}{24}$ ⑨ $2\frac{1}{4}$ ⑩ $\frac{1}{6}$
⑪ $2\frac{3}{7}$ ⑫ $2\frac{4}{12}$ ⑬ $1\frac{9}{18}$ ⑭ $2\frac{3}{20}$ ⑮ $3\frac{15}{23}$
⑯ $\frac{7}{25}$ ⑰ $1\frac{3}{5}$ ⑱ $1\frac{7}{9}$ ⑲ $\frac{4}{11}$ ⑳ $3\frac{9}{13}$
㉑ $2\frac{13}{22}$ ㉒ $1\frac{6}{15}$ ㉓ $3\frac{4}{21}$ ㉔ $3\frac{9}{26}$

3 DAY (자연수)−(분수)(3)

63쪽

① $1\frac{1}{3}$ ② $2\frac{3}{4}$ ③ $2\frac{2}{5}$ ④ $3\frac{1}{5}$ ⑤ $\frac{2}{6}$
⑥ $3\frac{3}{6}$ ⑦ $\frac{2}{7}$ ⑧ $4\frac{3}{7}$ ⑨ $\frac{6}{8}$ ⑩ $1\frac{3}{8}$
⑪ $1\frac{4}{9}$ ⑫ $5\frac{2}{9}$ ⑬ $1\frac{3}{10}$ ⑭ $1\frac{1}{10}$ ⑮ $1\frac{8}{11}$
⑯ $3\frac{3}{11}$ ⑰ $\frac{9}{12}$ ⑱ $3\frac{7}{12}$ ⑲ $\frac{8}{13}$ ⑳ $4\frac{7}{13}$
㉑ $\frac{5}{14}$ ㉒ $4\frac{3}{15}$

64쪽

① $3\frac{2}{4}$ ② $\frac{1}{7}$ ③ $2\frac{5}{9}$ ④ $1\frac{9}{16}$ ⑤ $\frac{7}{10}$
⑥ $2\frac{1}{15}$ ⑦ $3\frac{9}{17}$ ⑧ $\frac{15}{22}$ ⑨ $1\frac{2}{5}$ ⑩ $2\frac{5}{8}$
⑪ $2\frac{3}{11}$ ⑫ $2\frac{7}{18}$ ⑬ $1\frac{9}{14}$ ⑭ $1\frac{7}{11}$ ⑮ $\frac{8}{26}$
⑯ $1\frac{8}{24}$ ⑰ $\frac{5}{6}$ ⑱ $3\frac{3}{12}$ ⑲ $\frac{12}{19}$ ⑳ $1\frac{11}{20}$
㉑ $\frac{14}{23}$ ㉒ $3\frac{3}{13}$ ㉓ $2\frac{6}{21}$ ㉔ $3\frac{11}{25}$

4 DAY (자연수)−(분수)(4)

65쪽

① $\frac{2}{3}$ ② $2\frac{3}{4}$ ③ $\frac{4}{5}$ ④ $2\frac{1}{5}$ ⑤ $\frac{5}{6}$
⑥ $\frac{5}{7}$ ⑦ $3\frac{2}{7}$ ⑧ $1\frac{3}{8}$ ⑨ $1\frac{5}{8}$ ⑩ $\frac{5}{9}$
⑪ $2\frac{5}{9}$ ⑫ $1\frac{9}{10}$ ⑬ $4\frac{1}{10}$ ⑭ $1\frac{5}{11}$ ⑮ $2\frac{10}{11}$
⑯ $2\frac{7}{12}$ ⑰ $2\frac{3}{12}$ ⑱ $\frac{11}{13}$ ⑲ $2\frac{1}{13}$ ⑳ $\frac{11}{14}$
㉑ $1\frac{11}{15}$ ㉒ $2\frac{7}{16}$

66쪽

① $\frac{2}{5}$ ② $2\frac{3}{9}$ ③ $\frac{8}{13}$ ④ $1\frac{13}{14}$ ⑤ $1\frac{13}{18}$
⑥ $2\frac{9}{12}$ ⑦ $\frac{19}{23}$ ⑧ $1\frac{20}{27}$ ⑨ $1\frac{3}{4}$ ⑩ $2\frac{6}{7}$
⑪ $2\frac{7}{10}$ ⑫ $\frac{10}{11}$ ⑬ $1\frac{13}{16}$ ⑭ $2\frac{17}{20}$ ⑮ $1\frac{9}{22}$
⑯ $2\frac{3}{25}$ ⑰ $5\frac{1}{6}$ ⑱ $3\frac{2}{8}$ ⑲ $2\frac{7}{15}$ ⑳ $2\frac{12}{17}$
㉑ $1\frac{14}{19}$ ㉒ $1\frac{19}{21}$ ㉓ $2\frac{17}{24}$ ㉔ $\frac{21}{26}$

5 DAY (자연수)−(분수)(5)

67쪽

① $5\frac{2}{4}$ ② $2\frac{2}{5}$ ③ $3\frac{5}{6}$ ④ $4\frac{4}{7}$ ⑤ $2\frac{1}{7}$
⑥ $4\frac{5}{8}$ ⑦ $2\frac{6}{8}$ ⑧ $4\frac{1}{9}$ ⑨ $4\frac{6}{9}$ ⑩ $3\frac{3}{10}$
⑪ $4\frac{6}{10}$ ⑫ $2\frac{6}{11}$ ⑬ $2\frac{7}{12}$ ⑭ $2\frac{5}{12}$ ⑮ $1\frac{5}{13}$
⑯ $2\frac{6}{13}$ ⑰ $2\frac{8}{14}$ ⑱ $2\frac{4}{15}$

68쪽

① $3\frac{3}{4}$ ② $1\frac{1}{5}$ ③ $1\frac{2}{6}$ ④ $3\frac{5}{7}$ ⑤ $1\frac{5}{7}$
⑥ $3\frac{6}{8}$ ⑦ $\frac{5}{8}$ ⑧ $1\frac{4}{9}$ ⑨ $4\frac{2}{9}$ ⑩ $1\frac{3}{10}$
⑪ $1\frac{2}{10}$ ⑫ $1\frac{5}{11}$ ⑬ $1\frac{7}{11}$ ⑭ $2\frac{5}{12}$ ⑮ $3\frac{5}{12}$
⑯ $3\frac{7}{13}$ ⑰ $1\frac{5}{14}$ ⑱ $1\frac{8}{15}$ ⑲ $\frac{3}{16}$ ⑳ $1\frac{11}{17}$
㉑ $2\frac{17}{18}$

6 분수의 뺄셈(4)

1 DAY 분수끼리 뺄 수 없는 대분수의 뺄셈(1)

71쪽

① $1\frac{2}{3}$ ② $1\frac{2}{4}$ ③ $1\frac{4}{5}$ ④ $2\frac{5}{6}$ ⑤ $2\frac{2}{6}$ ⑥ $\frac{5}{7}$ ⑦ $1\frac{5}{7}$ ⑧ $\frac{4}{8}$ ⑨ $1\frac{4}{8}$ ⑩ $1\frac{7}{9}$ ⑪ $1\frac{4}{9}$ ⑫ $\frac{6}{10}$ ⑬ $2\frac{8}{10}$ ⑭ $1\frac{8}{11}$ ⑮ $\frac{8}{11}$ ⑯ $\frac{6}{12}$ ⑰ $1\frac{10}{12}$ ⑱ $2\frac{7}{13}$ ⑲ $2\frac{9}{13}$ ⑳ $1\frac{11}{14}$ ㉑ $\frac{14}{15}$

72쪽

① $1\frac{8}{9}$ ② $2\frac{5}{7}$ ③ $2\frac{8}{10}$ ④ $2\frac{6}{14}$ ⑤ $1\frac{15}{19}$ ⑥ $2\frac{8}{17}$ ⑦ $1\frac{10}{16}$ ⑧ $1\frac{13}{24}$ ⑨ $3\frac{3}{4}$ ⑩ $\frac{3}{6}$ ⑪ $\frac{7}{8}$ ⑫ $2\frac{6}{12}$ ⑬ $1\frac{12}{18}$ ⑭ $1\frac{16}{20}$ ⑮ $3\frac{17}{23}$ ⑯ $\frac{21}{25}$ ⑰ $2\frac{4}{5}$ ⑱ $\frac{6}{9}$ ⑲ $\frac{9}{11}$ ⑳ $3\frac{12}{13}$ ㉑ $2\frac{14}{22}$ ㉒ $\frac{9}{15}$ ㉓ $3\frac{15}{21}$ ㉔ $3\frac{17}{26}$

2 DAY 분수끼리 뺄 수 없는 대분수의 뺄셈(2)

73쪽

① $1\frac{3}{4}$ ② $3\frac{3}{5}$ ③ $\frac{5}{6}$ ④ $1\frac{4}{7}$ ⑤ $\frac{4}{8}$ ⑥ $1\frac{4}{9}$ ⑦ $1\frac{6}{10}$ ⑧ $1\frac{4}{11}$ ⑨ $2\frac{8}{12}$ ⑩ $1\frac{10}{13}$ ⑪ $\frac{9}{14}$ ⑫ $1\frac{10}{15}$ ⑬ $2\frac{8}{16}$ ⑭ $2\frac{9}{17}$ ⑮ $1\frac{10}{18}$ ⑯ $2\frac{15}{19}$ ⑰ $\frac{12}{20}$ ⑱ $1\frac{13}{21}$ ⑲ $\frac{16}{22}$ ⑳ $\frac{16}{23}$ ㉑ $\frac{19}{24}$ ㉒ $1\frac{15}{25}$

74쪽

① $3\frac{2}{3}$ ② $3\frac{6}{9}$ ③ $2\frac{5}{10}$ ④ $1\frac{7}{14}$ ⑤ $1\frac{10}{19}$ ⑥ $\frac{13}{17}$ ⑦ $1\frac{17}{22}$ ⑧ $1\frac{20}{24}$ ⑨ $2\frac{2}{4}$ ⑩ $3\frac{3}{6}$ ⑪ $\frac{4}{7}$ ⑫ $1\frac{9}{12}$ ⑬ $\frac{10}{16}$ ⑭ $3\frac{11}{20}$ ⑮ $2\frac{7}{21}$ ⑯ $3\frac{15}{25}$ ⑰ $3\frac{3}{5}$ ⑱ $2\frac{6}{8}$ ⑲ $\frac{8}{11}$ ⑳ $2\frac{10}{13}$ ㉑ $1\frac{14}{18}$ ㉒ $1\frac{6}{15}$ ㉓ $\frac{21}{23}$ ㉔ $\frac{19}{26}$

3 DAY 분수끼리 뺄 수 없는 대분수의 뺄셈(3)

75쪽

① $1\frac{2}{3}$ ⑥ $2\frac{4}{6}$ ⑪ $1\frac{4}{9}$ ⑯ $3\frac{8}{11}$ ㉑ $2\frac{8}{14}$

② $2\frac{2}{4}$ ⑦ $1\frac{3}{7}$ ⑫ $4\frac{6}{9}$ ⑰ $1\frac{8}{12}$

③ $1\frac{4}{5}$ ⑧ $4\frac{3}{7}$ ⑬ $1\frac{5}{10}$ ⑱ $2\frac{11}{12}$

④ $3\frac{4}{5}$ ⑨ $\frac{4}{8}$ ⑭ $2\frac{6}{10}$ ⑲ $1\frac{11}{13}$

⑤ $\frac{5}{6}$ ⑩ $2\frac{6}{8}$ ⑮ $1\frac{7}{11}$ ⑳ $3\frac{10}{13}$

76쪽

① $1\frac{3}{4}$ ⑥ $1\frac{8}{14}$ ⑪ $2\frac{7}{11}$ ⑯ $2\frac{20}{24}$ ㉑ $1\frac{16}{23}$

② $\frac{3}{7}$ ⑦ $3\frac{13}{17}$ ⑫ $2\frac{14}{18}$ ⑰ $1\frac{4}{6}$ ㉒ $3\frac{10}{13}$

③ $2\frac{8}{9}$ ⑧ $3\frac{17}{25}$ ⑬ $1\frac{13}{15}$ ⑱ $3\frac{8}{12}$ ㉓ $2\frac{15}{21}$

④ $2\frac{12}{16}$ ⑨ $1\frac{4}{5}$ ⑭ $1\frac{8}{11}$ ⑲ $1\frac{16}{19}$ ㉔ $\frac{16}{26}$

⑤ $1\frac{8}{10}$ ⑩ $1\frac{5}{8}$ ⑮ $1\frac{18}{22}$ ⑳ $\frac{14}{20}$

4 DAY 분수끼리 뺄 수 없는 대분수의 뺄셈(4)

77쪽

① $2\frac{2}{3}$ ⑥ $\frac{5}{7}$ ⑪ $2\frac{5}{9}$ ⑯ $1\frac{10}{12}$ ㉑ $2\frac{13}{15}$

② $2\frac{3}{4}$ ⑦ $2\frac{6}{7}$ ⑫ $1\frac{2}{10}$ ⑰ $2\frac{6}{12}$ ㉒ $2\frac{10}{16}$

③ $\frac{3}{5}$ ⑧ $1\frac{5}{8}$ ⑬ $4\frac{9}{10}$ ⑱ $\frac{11}{13}$

④ $2\frac{4}{5}$ ⑨ $1\frac{6}{8}$ ⑭ $1\frac{7}{11}$ ⑲ $1\frac{10}{13}$

⑤ $\frac{4}{6}$ ⑩ $1\frac{6}{9}$ ⑮ $2\frac{9}{11}$ ⑳ $1\frac{12}{14}$

78쪽

① $\frac{4}{5}$ ⑥ $2\frac{8}{12}$ ⑪ $2\frac{7}{10}$ ⑯ $2\frac{22}{25}$ ㉑ $1\frac{14}{19}$

② $2\frac{4}{9}$ ⑦ $\frac{21}{23}$ ⑫ $\frac{9}{11}$ ⑰ $4\frac{3}{6}$ ㉒ $1\frac{18}{21}$

③ $\frac{11}{13}$ ⑧ $\frac{22}{26}$ ⑬ $1\frac{14}{16}$ ⑱ $1\frac{7}{8}$ ㉓ $2\frac{21}{24}$

④ $1\frac{13}{14}$ ⑨ $1\frac{3}{4}$ ⑭ $2\frac{16}{20}$ ⑲ $2\frac{10}{15}$ ㉔ $1\frac{23}{27}$

⑤ $1\frac{14}{18}$ ⑩ $3\frac{5}{7}$ ⑮ $1\frac{14}{22}$ ⑳ $3\frac{15}{17}$

5 DAY 분수끼리 뺄 수 없는 대분수의 뺄셈(5)

79쪽

① $1\frac{2}{4}$ ⑥ $2\frac{5}{8}$ ⑪ $4\frac{6}{10}$ ⑯ $1\frac{11}{13}$

② $3\frac{3}{5}$ ⑦ $1\frac{6}{8}$ ⑫ $1\frac{7}{11}$ ⑰ $1\frac{12}{14}$

③ $2\frac{4}{6}$ ⑧ $1\frac{5}{9}$ ⑬ $1\frac{6}{11}$ ⑱ $2\frac{12}{15}$

④ $2\frac{3}{7}$ ⑨ $3\frac{6}{9}$ ⑭ $2\frac{8}{12}$

⑤ $2\frac{5}{7}$ ⑩ $1\frac{7}{10}$ ⑮ $2\frac{8}{12}$

80쪽

① $1\frac{2}{4}$ ⑥ $1\frac{4}{8}$ ⑪ $1\frac{9}{10}$ ⑯ $2\frac{10}{13}$ ㉑ $2\frac{11}{12}$

② $1\frac{7}{9}$ ⑦ $2\frac{6}{9}$ ⑫ $1\frac{13}{15}$ ⑰ $1\frac{8}{14}$

③ $1\frac{4}{6}$ ⑧ $1\frac{3}{5}$ ⑬ $1\frac{8}{11}$ ⑱ $\frac{9}{16}$

④ $5\frac{4}{7}$ ⑨ $1\frac{7}{8}$ ⑭ $1\frac{14}{18}$ ⑲ $1\frac{8}{11}$

⑤ $1\frac{4}{10}$ ⑩ $3\frac{10}{12}$ ⑮ $1\frac{5}{7}$ ⑳ $2\frac{12}{17}$

7 자릿수가 같은 소수의 덧셈

1 DAY 소수 한 자리 수의 덧셈(1)

83쪽

❶ 0.7
❷ 0.7
❸ 0.9
❹ 1.9
❺ 2.8
❻ 8.8
❼ 6.8
❽ 8.9
❾ 15.7
❿ 26.7
⓫ 75.9
⓬ 39.6
⓭ 68.7
⓮ 64.9

84쪽

❶ 0.9
❷ 0.8
❸ 1.8
❹ 3.4
❺ 8.8
❻ 8.9
❼ 9.9
❽ 19.9
❾ 37.8
❿ 68.7
⓫ 57.7
⓬ 76.9

2 DAY 소수 한 자리 수의 덧셈(2)

85쪽

❶ 1.1
❷ 1.1
❸ 1.1
❹ 1.6
❺ 2.2
❻ 10.4
❼ 11.2
❽ 14.1
❾ 13.3
❿ 18.6
⓫ 67.7
⓬ 44.1
⓭ 71.1
⓮ 65.3

86쪽

❶ 1.1
❷ 1.4
❸ 2.2
❹ 4.2
❺ 9.5
❻ 9.1
❼ 11.2
❽ 20.2
❾ 34.1
❿ 74.5
⓫ 62.2
⓬ 80.7

3 DAY 소수 두 자리 수의 덧셈(1)

87쪽

① 0.69
② 0.86
③ 0.78
④ 1.88
⑤ 3.88
⑥ 5.89
⑦ 9.99
⑧ 13.87
⑨ 23.97
⑩ 28.99
⑪ 45.95
⑫ 65.89
⑬ 95.78
⑭ 88.67

88쪽

① 0.59
② 0.87
③ 1.86
④ 3.77
⑤ 8.57
⑥ 8.96
⑦ 9.58
⑧ 18.97
⑨ 28.47
⑩ 67.85
⑪ 57.47
⑫ 77.69

4 DAY 소수 두 자리 수의 덧셈(2)

89쪽

① 0.81
② 0.87
③ 1.13
④ 1.51
⑤ 4.2
⑥ 5.31
⑦ 9.25
⑧ 18.12
⑨ 29.41
⑩ 20.41
⑪ 40.24
⑫ 79.41
⑬ 78.33
⑭ 91.22

90쪽

① 0.73
② 0.82
③ 2.14
④ 4.41
⑤ 8.41
⑥ 8.7
⑦ 12.04
⑧ 19.21
⑨ 33.13
⑩ 59.31
⑪ 68.21
⑫ 68.05

5 DAY 자릿수가 같은 소수의 덧셈

91쪽

① 1.3
② 5.1
③ 8.6
④ 28.5
⑤ 66.3
⑥ 0.79
⑦ 1.23
⑧ 3.32
⑨ 12.21
⑩ 14.65
⑪ 63.36
⑫ 59.03
⑬ 68.31
⑭ 81.31

92쪽

① 0.9
② 0.78
③ 10.13
④ 10.9
⑤ 12.7
⑥ 5.12
⑦ 4.69
⑧ 1.02
⑨ 1.6
⑩ 66.4
⑪ 24.23
⑫ 27.1
⑬ 2.8
⑭ 55.79
⑮ 8.09
⑯ 8.61
⑰ 4.1
⑱ 40.75
⑲ 20.4
⑳ 49.04
㉑ 57.5
㉒ 70.92
㉓ 80.13
㉔ 71.41

8 자릿수가 다른 소수의 덧셈

1 DAY 자릿수가 다른 소수의 덧셈(1)

95쪽

❶ 9.3
❷ 6.5
❸ 8.6
❹ 22.4
❺ 41.2
❻ 21.7
❼ 66.8
❽ 11.24
❾ 10.63
❿ 31.47
⓫ 60.58
⓬ 25.64
⓭ 62.38
⓮ 98.72

96쪽

❶ 4.9
❷ 8.6
❸ 8.8
❹ 8.4
❺ 14.8
❻ 37.7
❼ 6.52
❽ 9.48
❾ 6.47
❿ 14.72
⓫ 14.64
⓬ 52.38

2 DAY 자릿수가 다른 소수의 덧셈(2)

97쪽

❶ 0.94
❷ 1.33
❸ 0.67
❹ 1.36
❺ 4.13
❻ 5.48
❼ 9.95
❽ 13.48
❾ 14.12
❿ 19.54
⓫ 43.49
⓬ 43.56
⓭ 66.55
⓮ 100.14

98쪽

❶ 0.68
❷ 1.26
❸ 4.24
❹ 10.05
❺ 16.24
❻ 41.52
❼ 32.59
❽ 55.43
❾ 61.29
❿ 71.54
⓫ 80.42
⓬ 72.43

3 DAY 자릿수가 다른 소수의 덧셈(3)

99쪽

❶ 0.552 ❷ 0.873 ❸ 1.183 ❹ 1.736 ❺ 3.147
❻ 4.078 ❼ 8.417 ❽ 8.026 ❾ 11.093 ❿ 22.161
⓫ 32.694 ⓬ 21.652 ⓭ 40.413 ⓮ 68.307

100쪽

❶ 0.516 ❷ 0.972 ❸ 1.432 ❹ 2.653 ❺ 8.883
❻ 7.914 ❼ 10.406 ❽ 16.342 ❾ 13.973 ❿ 26.862
⓫ 42.473 ⓬ 85.653

4 DAY 자릿수가 다른 소수의 덧셈(4)

101쪽

❶ 0.476 ❷ 0.668 ❸ 1.285 ❹ 1.607 ❺ 3.052
❻ 5.393 ❼ 8.593 ❽ 9.419 ❾ 8.537 ❿ 25.383
⓫ 45.334 ⓬ 25.401 ⓭ 51.483 ⓮ 90.603

102쪽

❶ 0.602 ❷ 1.045 ❸ 1.422 ❹ 2.504 ❺ 7.962
❻ 8.112 ❼ 11.367 ❽ 16.053 ❾ 12.737 ❿ 25.194
⓫ 51.601 ⓬ 84.195

5 DAY 자릿수가 다른 소수의 덧셈(5)

103쪽

❶ 6.7 ❷ 10.8 ❸ 17.53 ❹ 26.64 ❺ 4.03 ❻ 8.54 ❼ 9.16 ❽ 14.05
❾ 36.04 ❿ 7.827 ⓫ 9.093 ⓬ 14.539 ⓭ 23.855 ⓮ 44.278

104쪽

❶ 6.3 ❷ 8.6 ❸ 11.57 ❹ 11.74 ❺ 22.4 ❻ 34.8 ❼ 39.43 ❽ 55.28
❾ 1.54 ❿ 1.54 ⓫ 5.18 ⓬ 10.57 ⓭ 21.44 ⓮ 38.76 ⓯ 38.17 ⓰ 78.71
⓱ 8.347 ⓲ 14.992 ⓳ 36.753 ⓴ 43.225 ㉑ 9.597 ㉒ 18.234 ㉓ 55.129 ㉔ 80.126

9 자릿수가 같은 소수의 뺄셈

1 DAY 소수 한 자리 수의 뺄셈(1)

107쪽

❶ 0.3
❷ 0.3
❸ 0.3
❹ 1.1
❺ 2.2
❻ 1.2
❼ 4.4
❽ 5.3
❾ 12.2
❿ 22.6
⓫ 23.2
⓬ 26.2
⓭ 22.5
⓮ 42.7

108쪽

❶ 0.3
❷ 0.5
❸ 0.5
❹ 1.4
❺ 1.1
❻ 1.6
❼ 6.2
❽ 13.7
❾ 21.2
❿ 13.3
⓫ 36.3
⓬ 32.2

2 DAY 소수 한 자리 수의 뺄셈(2)

109쪽

❶ 0.3
❷ 0.9
❸ 1.7
❹ 1.8
❺ 1.6
❻ 1.8
❼ 2.8
❽ 3.5
❾ 5.8
❿ 6.8
⓫ 17.8
⓬ 18.8
⓭ 42.7
⓮ 17.7

110쪽

❶ 0.7
❷ 0.7
❸ 0.8
❹ 0.7
❺ 2.7
❻ 2.6
❼ 1.8
❽ 5.7
❾ 9.5
❿ 10.9
⓫ 21.6
⓬ 34.4

3 DAY 소수 두 자리 수의 뺄셈(1)

111쪽

❶ 0.23 ❷ 0.33 ❸ 0.22 ❹ 1.32 ❺ 2.23 ❻ 2.22 ❼ 3.44 ❽ 11.13 ❾ 25.35 ❿ 41.13 ⓫ 21.11 ⓬ 24.52 ⓭ 44.24 ⓮ 42.14

112쪽

❶ 0.32 ❷ 0.15 ❸ 0.42 ❹ 1.25 ❺ 1.42 ❻ 1.15 ❼ 3.42 ❽ 2.21 ❾ 5.21 ❿ 12.24 ⓫ 14.33 ⓬ 23.13

4 DAY 소수 두 자리 수의 뺄셈(2)

113쪽

❶ 0.18 ❷ 0.34 ❸ 0.24 ❹ 0.39 ❺ 0.27 ❻ 0.71 ❼ 1.26 ❽ 2.68 ❾ 3.59 ❿ 15.49 ⓫ 16.78 ⓬ 31.79 ⓭ 21.66 ⓮ 34.95

114쪽

❶ 0.17 ❷ 0.28 ❸ 0.28 ❹ 0.57 ❺ 2.16 ❻ 2.58 ❼ 4.47 ❽ 6.58 ❾ 11.89 ❿ 18.68 ⓫ 28.52 ⓬ 24.89

5 DAY 자릿수가 같은 소수의 뺄셈

115쪽

❶ 0.7 ❷ 0.8 ❸ 0.6 ❹ 2.7 ❺ 4.5 ❻ 15.2 ❼ 0.31 ❽ 0.25 ❾ 1.58 ❿ 1.88 ⓫ 3.87 ⓬ 10.78 ⓭ 17.49 ⓮ 27.78

116쪽

❶ 0.2 ❷ 0.34 ❸ 7.71 ❹ 2.3 ❺ 2.8 ❻ 2.22 ❼ 0.85 ❽ 0.18 ❾ 0.8 ❿ 16.4 ⓫ 4.67 ⓬ 7.6 ⓭ 1.89 ⓮ 22.75 ⓯ 3.14 ⓰ 2.39 ⓱ 2.7 ⓲ 21.89 ⓳ 14.6 ⓴ 25.69 ㉑ 33.9 ㉒ 28.62 ㉓ 34.85 ㉔ 25.59

10 자릿수가 다른 소수의 뺄셈

1 DAY 자릿수가 다른 소수의 뺄셈(1)

119쪽

❶ 6.4
❷ 1.3
❸ 1.6
❹ 2.4
❺ 25.5
❻ 7.4
❼ 4.22
❽ 5.36
❾ 5.46
❿ 17.26
⓫ 26.37
⓬ 43.33
⓭ 16.42
⓮ 39.08

120쪽

❶ 4.3
❷ 3.7
❸ 4.3
❹ 3.4
❺ 14.2
❻ 17.6
❼ 2.28
❽ 3.45
❾ 6.72
❿ 7.92
⓫ 6.06
⓬ 9.28

2 DAY 자릿수가 다른 소수의 뺄셈(2)

121쪽

❶ 0.14
❷ 0.23
❸ 0.24
❹ 0.47
❺ 2.45
❻ 2.56
❼ 3.56
❽ 2.71
❾ 1.43
❿ 6.06
⓫ 25.67
⓬ 32.64
⓭ 15.76
⓮ 27.76

122쪽

❶ 0.33
❷ 0.36
❸ 0.87
❹ 2.12
❺ 7.16
❻ 17.82
❼ 28.61
❽ 31.63
❾ 23.41
❿ 35.44
⓫ 18.84
⓬ 32.87

3 DAY 자릿수가 다른 소수의 뺄셈(3)

123쪽

❶ 0.137 ❷ 0.347 ❸ 0.242 ❹ 0.473 ❺ 0.638
❻ 1.664 ❼ 2.536 ❽ 2.525 ❾ 1.696 ❿ 6.614
⓫ 7.227 ⓬ 16.712 ⓭ 16.346 ⓮ 15.213

124쪽

❶ 0.374 ❷ 0.312 ❸ 0.659 ❹ 0.556 ❺ 2.037
❻ 1.683 ❼ 1.607 ❽ 2.749 ❾ 3.676 ❿ 18.837
⓫ 15.453 ⓬ 15.676

4 DAY 자릿수가 다른 소수의 뺄셈(4)

125쪽

❶ 0.245 ❷ 0.203 ❸ 0.279 ❹ 0.262 ❺ 0.828
❻ 1.565 ❼ 1.836 ❽ 2.695 ❾ 4.429 ❿ 7.682
⓫ 17.509 ⓬ 17.845 ⓭ 18.356 ⓮ 26.673

126쪽

❶ 0.396 ❷ 0.454 ❸ 0.688 ❹ 0.694 ❺ 3.073
❻ 2.443 ❼ 2.636 ❽ 3.753 ❾ 5.367 ❿ 13.468
⓫ 15.082 ⓬ 15.586

5 DAY 자릿수가 다른 소수의 뺄셈(5)

127쪽

❶ 4.2 ❷ 3.2 ❸ 8.48 ❹ 16.14 ❺ 3.77 ❻ 2.64 ❼ 4.81 ❽ 6.74
❾ 7.57 ❿ 12.84 ⓫ 4.854 ⓬ 3.551 ⓭ 8.589 ⓮ 20.872

128쪽

❶ 4.7 ❷ 5.6 ❸ 5.44 ❹ 5.72 ❺ 10.2 ❻ 9.8 ❼ 34.55 ❽ 11.88
❾ 5.65 ❿ 0.34 ⓫ 1.13 ⓬ 3.76 ⓭ 7.77 ⓮ 15.32 ⓯ 7.02 ⓰ 12.28
⓱ 2.676 ⓲ 2.952 ⓳ 13.447 ⓴ 29.825 ㉑ 2.263 ㉒ 2.334 ㉓ 24.578 ㉔ 31.788

만점왕 연산 노트

만점왕 연산 노트

만점왕 연산 노트

#자이언트 펭TV
펭아트 PENG ART
GIANT
#컬러링북
COLORING BOOK
펭아트 PENG ART
#컬러링북
온라인, 오프라인 서점 절찬 판매 중
우리 색칠해 볼까요?

EBS

8 단계 초등 4학년

과목	시리즈명	특징	수준	대상
전과목	만점왕	교과서 중심 초등 기본서		초1~6
	만점왕 단원평가	한 권으로 학교 단원평가 대비		초3~6
국어	참 쉬운 글쓰기	초등학생에게 꼭 필요한 기초 글쓰기 연습		예비 초~초6
	참 쉬운 급수 한자	쉽게 배우는 한자능력검정시험 7~8급		예비 초~초2
	어휘가 독해다!	학년군별 교과서 필수 낱말 + 읽기 학습		초1~6
	4주 완성 독해력	학년별 교과서 연계 단기 독해 학습		예비 초~초6
	독해가○○을 만날 때	수학·사회·과학 주제별 국어 독해		초1~4
	당신의 문해력	평생을 살아가는 힘, '문해력' 향상 프로젝트		예비 초~중3
영어	EBS랑 홈스쿨 초등 영어	다양한 부가 자료가 있는 단계별 영어 학습		초3~6
	EBS 기초 영문법/영독해	고학년을 위한 중학 영어 내신 대비		초5~6
수학	만점왕 연산	과학적 연산 방법을 통한 계산력 훈련		예비 초~초6
	만점왕 수학 플러스	교과서 중심 기본 + 응용 문제		초1~6
	만점왕 수학 고난도	상위권을 위한 고난도 수학 문제		초4~6
사회	매일 쉬운 스토리 한국사	하루 한 주제를 쉽게 이야기로 배우는 한국사		초3~6
	스토리 한국사	고학년 사회 학습 및 한국사능력검정시험 입문서		초3~6
	多담은 한국사 연표	한국사 흐름을 익히기 쉬운 세로형 연표		초3~6
기타	창의체험 탐구생활	창의력을 키우는 창의체험활동·탐구		초1~6
	쉽게 배우는 초등 AI	초등 교과와 융합한 초등 인공지능 입문서		초1~6
전과목	기초학력 진단평가	3월 시행 기초학력 진단평가 대비서		초3~중1
	중학 신입생 예비과정	중학교 적응력을 올려 주는 예비 중1 필수 학습서		예비 중1